电网企业 **劳模培训** 系列教材

# 500kV变电运维

国网浙江省电力有限公司　组编

中国电力出版社
CHINA ELECTRIC POWER PRESS

# 内 容 提 要

　　本书是"电网企业劳模培训系列教材"之《跟着劳模学 500kV 变电运维技能》分册，采用"项目—任务"结构进行编写。以劳模跨区培训为对象，按所需掌握的专业知识要点、技能要点、典型案例三个层次进行编排，内容主要包括七个项目章节，分别是巡视技能、倒闸操作、变电工作许可终结、一次设备验收及典型异常分析、二次设备验收及异常处理、二次回路及故障录波读图、改扩建工程运维相关工作等。教材内容主要来源于现场实际工作的多年总结，通过循循善诱的技能点解析、形象生动的图文展示，对 500kV 变电运维各主要部分工作进行有序、详实的讲解，深度解析变电运维工作中的各个关键环节、重点技能等。

　　本书可供变电运维、变电检修等技术人员及相关工程管理人员阅读。

**图书在版编目（CIP）数据**

500kV 变电运维／国网浙江省电力有限公司组编 . —北京：中国电力出版社，2019.1
（电网企业劳模培训系列教材）
ISBN 978-7-5198-2772-4

Ⅰ . ①5… Ⅱ . ①国… Ⅲ . ①变电所－电力系统运行－技术培训－教材②变电所－检修－技术培训－教材　Ⅳ . ① TM63

中国版本图书馆 CIP 数据核字（2018）第 294920 号

---

出版发行：中国电力出版社
地　　　址：北京市东城区北京站西街 19 号（邮政编码 100005）
网　　　址：http://www.cepp.sgcc.com.cn
责任编辑：刘丽平（010-63412342）
责任校对：王小鹏
装帧设计：赵姗姗
责任印制：石　雷

---

印　　　刷：北京时捷印刷有限公司
版　　　次：2019 年 1 月第一版
印　　　次：2019 年 1 月北京第一次印刷
开　　　本：710 毫米 ×980 毫米　16 开本
印　　　张：15.5
字　　　数：219 千字
印　　　数：0001—2000 册
定　　　价：63.00 元

---

# 编 委 会

主　编　董兴奎　朱维政

副主编　徐　林　黄　晓　俞　洁　徐汉兵

　　　　王　权　赵春源

编　委　郭云鹏　张仁敏　韩霄汉　吴　臻

　　　　赵汉鹰　崔建业　张　平　董建新

　　　　郭建平　李建宇　周晓虎　肖龙海

　　　　王文廷　董绍光

# 编 写 组

组　长　吴金祥

副组长　程　泳

成　员　严朝阳　鲍晓峰　黄　巍　赵晓剑

　　　　李伟勇　万杭平　罗茂嘉　蔡志浩

　　　　张　浩　胡振宇

# 丛书序

  国网浙江省电力有限公司在国家电网公司领导下，以努力超越、追求卓越的企业精神，在建设具有卓越竞争力的世界一流能源互联网企业的征途上砥砺前行。建设一支爱岗敬业、精益专注、创新奉献的员工队伍是实现企业发展目标、践行"人民电业为人民"企业宗旨的必然要求和有力支撑。

  国网浙江公司为充分发挥公司系统各级劳模在培训方面的示范引领作用，基于劳模工作室和劳模创新团队，设立劳模培训工作站，对全公司的优秀青年骨干进行培训。通过严格管理和不断创新发展，劳模培训取得了丰硕成果，成为国网浙江公司培训的一块品牌。劳模工作室成为传播劳模文化、传承劳模精神，培养电力工匠的主阵地。

  为了更好地发扬劳模精神，打造精益求精的工匠品质，国网浙江公司将多年劳模培训积累的经验、成果和绝活，进行提炼总结，编制了《电网企业劳模培训系列教材》。该丛书的出版，将对劳模培训起到规范和促进作用，以期加强员工操作技能培训和提升供电服务水平，树立企业良好的社会形象。丛书主要体现了以下特点：

  一是专业涵盖全，内容精尖。丛书定位为劳模培训教材，涵盖规划、调度、运检、营销等专业，面向具有一定专业基础的业务骨干人员，内容力求精练、前沿，通过本教材的学习可以迅速提升员工技能水平。

  二是图文并茂，创新展现方式。丛书图文并茂，以图说为主，结合典型案例，将专业知识穿插在案例分析过程中，深入浅出，生动易学。除传统图文外，创新采用二维码链接相关操作视频或动画，激发读者的阅读兴趣，以达到实际、实用、实效的目的。

  三是展示劳模绝活，传承劳模精神。"一名劳模就是一本教科书"，丛书对劳模事迹、绝活进行了介绍，使其成为劳模精神传承、工匠精神传播的载体和平台，鼓励广大员工向劳模学习，人人争做劳模。

丛书既可作为劳模培训教材，也可作为新员工强化培训教材或电网企业员工自学教材。由于编者水平所限，不到之处在所难免，欢迎广大读者批评指正！

最后向付出辛勤劳动的编写人员表示衷心的感谢！

**丛书编委会**

# 前　言

　　大力弘扬和培育劳模精神、工匠精神，是我们中国特色社会主义新时代正在呼唤的精神。劳模，代表着所在专业工作领域的高贵品质和卓越技能。《500kV变电运维》是国网浙江省电力有限公司组编的"电网企业劳模培训系列教材"丛书的分册之一。希望读者通过劳模经验和技能的分享，能够提升变电运维现场工作的安全性、规范性和高效性，为坚强智能电网的建设贡献力量。

　　本分册是吴金祥劳模三十多年来运维工作经验的总结，也融合了多年来运维技能的教学经验。本分册共分为七个项目章节，主要以500kV变电运维岗位需要掌握的技术技能展开阐述，以项目为主线，以技能任务为单元，将运维工作的重要技能点以图文并茂的形式，深入浅出地进行解析，并在每一任务单元中通过典型案例的分析，让读者能更加深入地理解相关知识和技能点。

　　本书在编写过程中得到了徐街明、吕毅、程铖、李飞雁、陈德、潘科等专家的大力支持，在此谨向参与本书审稿、业务指导的各位领导、专家和有关单位致以诚挚的感谢！

　　由于编者水平有限，望广大同行不吝赐教，及时指出本书的疏忽和不足，使之不断完善。

编　者

2019.1

# 目　录

# 责任重于泰山 安全护航卅年

## ——记国家电网有限公司劳动模范吴金祥

## 吴金祥

浙江电网第一代超高压人，国网浙江省电力有限公司检修分公司瓶窑运维站瓶窑运维班班长，负责 4 座 500kV 变电站运行维护工作。他勤勉实干，无私奉献，潜心育人，30 多年来多次荣获省公司先进个人、优秀共产党员、优秀班组长及国家电网公司优秀班组长等称号，其所在班组相继获得全国电力行业优秀班组、浙江省安全生产十佳班组、省电力行业标杆班组、省电力公司五星级班组、国家电网公司优秀班组等诸多荣誉称号。

爱岗敬业，以站为家。随着电网不断发展，所辖变电站改扩建工程连年不断，吴金祥总是奔跑在改、扩建工程的前方。运维工作细小繁杂却责任重大，设备参数收集录入，工程工作票许可把关及安全监督，改、扩建工程典型操作票及运行规程修订，标识标牌更换等运维准备工作，事无巨细，无不倾注着吴班长的心力。每当所辖变电站有重大设备异常应急事件，他总是第一时间出现在现场，镇定指挥，妥善处理。他会把每一次异常事件都整理收集，作为值班员对类似事件的处理参考，作为新人培养的教学案例。

见证变革，开拓创新。他从 1985 年参加工作，历经浙江省首座 500kV 瓶窑变电站的投产运行，到后续多座 500kV 变电站的拔地而起，一直默默奋斗在超高压电网生产一线，见证并参与了改革开放以来电网蓬勃发展的辉煌历史。每次新技术应用，体制机制管理变革，他总是带着他的班组迎难而上，开拓进取，成为各种试点落地的先行官。国家电网公司示范性科技项目——线路故障电流限制器的落地投运，国家电网公司首创就地化保护的落地试点，500kV 变电站无人值守模式试点，倒闸操作优化操作试点，运维一体项目开拓试点等，都圆满完成并赢得同行赞誉。瓶窑变电站的运维创新工作，引领着 500kV 变电站运维工作不断深入前行。

孜孜不倦，潜心育人。瓶窑变电站作为浙江首座 500kV 变电站，是全省 500kV 变电运维技术的摇篮，吴金祥则是运维培训工作的负责人、首席讲师。多年来承接其他地区新站投产技术培训、新人入职培训，省公司变电运维跨地区培训，西藏 500kV 变电站筹建人员培训、浙大电力系统自动化专业大学生现场实习等。多年来许多从瓶窑变电站培训基地走出去的人员，都已成为各座 500kV 变电站的技术骨干、班组长或其他安全技术管理岗位上的专职和领导。吴金祥被授予省公司劳动模范后，组建劳模工作室。因培训业绩突出，2011 年 4 月劳模工作室被国网浙江省电力公司正式命名为"吴金祥劳模技能教学点"，2014 年 1 月劳模工作室被国网浙江省电力公司命名为"吴金祥劳模创新工作室"，2015 年 1 月被国网浙江省电力公司评为"A 级劳模创新工作室"，2016 年被国网浙江省电力公司评为"劳模创新工作室示范点"。

# 项目一

# 巡 视 技 能

## ▷ 【项目描述】

本项目包含变电设备巡视采用的望、闻、问、听、切、测六项技能要领。通过巡视知识点介绍、关键技能点讲解及相关案例分析，了解不同巡视技能的基本要求；熟悉巡视的重点、关键点和注意事项；掌握判断设备异常的方法要领。

# 任务一　巡视技能之"望"

## ▷ 【任务描述】

本任务主要讲解如何通过视觉巡视发现设备缺陷。通过图解示意的方式，了解巡视中需要看什么，熟悉不同设备部位的不同看法，掌握看到的状态异常的判断方法。

## ▷ 【知识要点】

眼勤：在巡视设备时，要眼观六路，充分利用眼睛，从设备的外观发现跑、冒、滴、漏，通过设备甚至各部位的位置、颜色变化，发现设备是否处在正常状态。

## ▷ 【技能要领】

### 一、渗漏油

注油设备的油温油位指示或数值在正常范围内，应对照油温油位曲线图进行检查，设备表面（尤其是设备连接处、焊接处）无渗漏油；对已发现的渗油点跟踪巡视，记录每分钟油滴数，判断变化趋势。渗漏油缺陷定性依据见表1-1。设备渗漏油情况如图1-1所示。

**表 1-1** 渗漏油缺陷定性依据

| 缺陷内容 | 缺陷等级 | 参考依据 |
| --- | --- | --- |
| 渗油 | 一般 | 渗油部位有油珠,渗油速度每滴>5s或未形成油滴点,且油位正常 |
| 漏油 | 重要 | 漏油速度每滴时间<5s,且油位接近下限 |
| | 危急 | 漏油形成油流;<br>漏油速度每滴时间<5s且油位低于下限 |

## 二、破裂、断线

设备瓷套、绝缘子等无破损裂纹,防污闪涂料及表面涂层无破裂、起皱、鼓泡、脱落,均压环无位移、开裂、歪斜,设备接头连接可靠,搭头板间应无开裂、错位或空隙,引线无断股、散股,线夹螺丝无严重锈蚀、松动、掉落,注意观察设备周围地面有无掉落的部件或螺丝,设备接地紧固良好,无破损断裂。线夹螺丝掉落的情况如图 1-2 所示。

图 1-1 变压器油枕渗油　　　　图 1-2 线夹螺丝掉落

## 三、变形、磨损

隔离开关分合到位并过死点,设备外壳应平整,无膨胀或收缩变形,触头、触指(包括滑动触指)、压紧弹簧无损伤、变形,传动连杆、拐臂、金具及伸缩节应无弯曲变形，旋转设备接头处应无明显磨损现象，闭锁间隙符合要求，限位装置完好可靠，各端子箱内密封条无脱落并关闭严密。隔离开关未合到位的情况如图 1-3 所示。

### 四、污秽、腐蚀

设备绝缘子、瓷套应无严重污损，设备表面应没有严重腐蚀或锈蚀，无放电灼烧或闪络痕迹。绝缘子表面的闪络痕迹如图 1-4 所示。

图 1-3　隔离开关未合到位　　　　图 1-4　绝缘子闪络

### 五、变色

设备表面应无烧焦变色发黑。吸潮装置应呼吸通畅，硅胶潮解变色部分不超过总量的 2/3，还应检查吸湿器的密封性，吸湿剂变色应由底部开始变色，如上部颜色发生变色则说明吸湿器密封性不严。硅胶变色情况如图 1-5 所示。

### 六、发热、冒烟、产生火花

引线接头、电缆、套管末屏、二次接线等应无发热、烧红及严重电晕现象，设备无冒烟，接头处无闪络、放电火花。夜间巡视发现隔离开关发热烧红情况如图 1-6 所示。

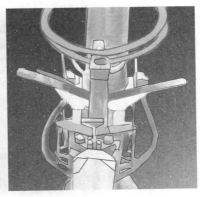

图 1-5　硅胶变色　　　　图 1-6　隔离开关触头发热烧红

### 七、杂质异物

设备或导线上无杂质异物缠绕，油路中的油应清澈无杂质，气体继电器内应无气体，各箱内及表计内应无进水、凝露。导线上存在异物的情况如图 1-7 所示。

### 八、表计、位置、压力指示

各切换开关位置、装置工作方式、油位、油压、油温、气压、计数器、指示器、弹簧储能位置和各设备变化指示均正常且与实际相符，油位指示应可见，压力值无过高或过低，计数器无异常增加。各冷却器（散热器）的风扇、油泵、水泵运转正常，油流继电器工作正常。断路器机构箱内 $SF_6$ 气压表和油压表如图 1-8 所示。

### 九、保护设备巡视

继保室温度范围 5～35℃，湿度不超过 75%，各保护采样值正常，差流正常，面板无异常告警信号，屏后端子排无过热烧焦现象，有接线端子的螺丝无明显松动迹象，导线绝缘外皮应无过热发黑现象。保护液晶面板如图 1-9 所示。

　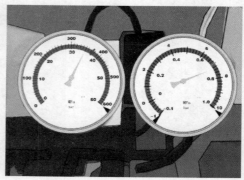

图 1-7　导线上异物缠绕　　图 1-8　断路器机构箱内 $SF_6$ 气压表和油压表

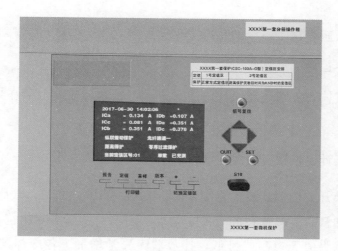

图 1-9　保护液晶面板

≫ 【典型案例】

1. 案例描述

2008 年 10 月 14 日，500kV ××变电站日常巡视时，发现××线

5023断路器B相两只均压电容均存在渗油情况，检查发现断路器均压电容法兰底部存在明显渗油痕迹，储能筒上方支架存在明显油迹，经过现场持续观察，该台断路器滴油速度约20h一滴。因均压电容中油量较少，为确保设备安全运行，当日，将××线5023断路器改为断路器检修，并对缺陷均压电容进行更换。5023断路器均压电容渗油情况如图1-10和图1-11所示。

图1-10　5023断路器均压电容渗油　　　1-11　5023断路器储能筒支架油迹

2. 原因分析

5023断路器为双断口断路器，每个断路器相由两个灭弧室构成。为使双断口的电压得到平均分配，并联了均压电容。

在断路器合闸状态时，电容不起作用。当断路器在分合闸操作时，灭弧室双断口就相当于两个电容器串联在一起，此时由于存在电压降，会使两个串联端口间产生电位差，电压分布不均衡。为消除这种不平衡，给串联的两个断口并联大一些的电容，这个电容类似于一个充电电容，向其他两个串联在一起电容同时充电，这样就使得断口间的电压得到平衡。同时，均压电容电压不可跃变，可以限制断路器在开断过程中断口间恢复电压的大小，有利于减轻断路器开断故障电流时的操作过电压。

经过现场情况分析，初步怀疑均压电容漏油为材质不良或密封工艺不良导致，具体原因待缺陷均压电容解体分析后明确。

该批次均压电容已发生多起渗漏油情况，初步怀疑该批次均压电容材质和加工工艺存在家族性缺陷。

3. 防控措施

日常巡视过程中，加强对西门子断路器均压电容的巡视，采用望远镜或高倍相机，观察均压电容法兰处是否存在异常渗漏；同时对断路器正下方附近的地面、设备支架等部位进行观察，检查是否存在油迹。

在检修过程中，严格按照作业指导书的要求，重视西门子均压电容法兰连接面的检查，确认无异常渗漏情况。

# 任务二　巡视技能之"闻"

## ➤【任务描述】

本任务主要讲解如何通过嗅觉巡视发现设备缺陷问题。通过图解示意的方式，了解巡视中需要闻什么，熟悉设备不同问题发出的不同气味，掌握所闻到气味的异常判断方法。

## ➤【知识要点】

鼻勤：要充分利用嗅觉，发现设备因过热或绝缘材料烧焦而发出的气味变化，从而找出异常状态的设备。

## ➤【技能要领】

变电站内设备正常运行时应无异常气味，巡视时应注意是否存在因设备或绝缘材料过热而产生异味，如焦糊味、烟味及异常臭味，如图 1-12 所示。

图 1-12　巡视人员闻到保护屏发出的焦糊味

≫ 【典型案例】

1. 案例描述

2013 年 5 月 18 日，500kV ××变电站 220kV 正母Ⅰ段母线检修后复役，操作结束后，运维人员检查继电保护状态，当走到 220kV 正母Ⅰ段母差保护屏时，隐约闻到有焦糊味，运维人员立即打开保护屏后门检查，发现 220kV 正母Ⅰ段母差保护第一路支路电流端子排烧损。端子排烧毁情况如图 1-13 所示。

该支路电流引自 220kV ××线电流互感器，为防止保护误动作，××变电站拉开 220kV ××线断路器，同时申请将 220kV 正母Ⅰ段母差保护改为信号后，由检修人员现场更换烧损端子排后，测量电缆绝缘正常、通流试验正常。

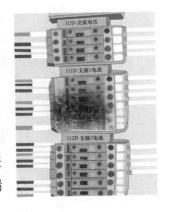

图 1-13　端子排烧毁

2. 原因分析

经现场检查，发现烧焦的 1I1D4、5、6 三相电流短接部分（与 N 连通）明显烧焦最严重，1I1D3（C 相）端子次之，1I1D2（B 相）端子再次之，1I1D1（A 相）端子烧焦不明显。

根据母差保护告警信息"电流互感器断线告警，相别 B 相"和"电流互感器断线告警，相别 C 相"，同时结合现场端子排实际受损程度，可判断开路原因为短接片与端子排（1I1D5、1I1D6）咬合部位存在空隙。

结合上述保护装置、监控后台异常告警信号，以及现场烧损端子排烧损情况，推测本次异常发展原因为：220kV 正母Ⅰ段母差保护 220kV ××线支路电流 B 相电流端子存在虚接，复役操作过程中，当合上 220kV ××线断路器后，该支路电流从 0 增加到 1200A，电流端子开始发热，致使 B 相电流互感器断线，B 相继续放电导致 C 相烧损电流互感器断线，B、C 相同时放电致使相应端子排烧损，由于端子变形相关电流回路恢复正常，电流互感器断线告警信号复归。

该母差装置检修作业时，作业人员对电流回路短接片及端子排检查不到位，短接片未可靠接触导致电流回路开路。检修流程及作业指导书中，对电流回路短接片等关键点的检查把控失效。

3. 防控措施

（1）加强监控后台及继电保护设备的巡视，对于出现的数据异常及告警信号要引起重视，及时查明原因，排除可能存在的安全隐患。

（2）倒闸操作过程中，出现异常信号或发生疑问时，应立即停止操作，待查明原因后再继续进行。

# 任务三　巡视技能之"问"

## 》【任务描述】

本任务主要讲解如何通过询问掌握设备状态，了解设备是否存在异常。通过图解示意的方式，了解巡视中需要问什么，熟悉问的重点，掌握对所问到信息的识别方法。

≫ 【知识要点】

　　嘴勤：在交接班过程中，对上一班完成的工作，要问清楚，详细了解；现场巡视有疑问时，要积极向专业人员请教；现场工作终结时，向检修人员询问校验过程中发现的问题和试验结果，做到心中有数。

≫ 【技能要领】

### 一、交接班询问

　　交接班过程中，对于任何工作都要详细了解，询问清楚现场设备运行状态、监控后台重要信息、现场检修工作进度及其他重点注意事项，当班时对设备状态、表计数据等进行抄录检查分析，与上一班数据进行比较，及时发现异常数据和状态，重点检查跟踪监视数据是否突变。交接班询问如图 1-14 所示。

图 1-14　交接班询问

### 二、现场巡视询问

　　在现场巡视过程中发生疑问时，要及时记录时间、地点及现象，积极向专业人员请教，以得到专业全面的答复。现场巡视询问如图 1-15 所示。

图 1-15　现场巡视询问

### 三、工作终结询问

询问现场工作负责人设备检修试验情况，了解现场工作发现的问题是否是设备本身的问题，了解试验数据是否在正常范围内，及时对异常情况进行分析比较。工作终结询问如图 1-16 所示。

图 1-16　工作终结询问

### ≫【典型案例】

1. 案例描述

2012 年 5 月 5 日 11 时，500kV ××变电站当值人员在执行月度定期切换全站断路器 $SF_6$ 气压、油压抄录时，发现 220kV ××线断路器 C 相 $SF_6$

气压抄录值为 0.56MPa（该开关型号为 LW10B-252，额定气压 0.6MPa，报警气压 0.52MPa，闭锁压力 0.50MPa）。

发现问题后该当值人员将该断路器异常气压表拍照留存，并未向班组长征求处理意见，在交接班过程中也未向接班人员交代清楚，接班人员未询问清楚上一班工作情况即开始当天工作，未发现该断路器异常气压缺陷。

5月10日9时58分，220kV ××线断路器 SF$_6$ 低气压闭锁、××线第一组、第二组控制回路断线。

10时12分，现场运维人员检查 220kV ××线断路器 C 相压力为 0.5MPa，达到闭锁压力，但是监控系统 SF$_6$ 低气压告警信号未发出。压力表数值如图 1-17 所示。

2. 原因分析

检修人员对现场设备进行检查，发现××线断路器取气阀与表计连接处对比无漏气断路器的取气阀与表计连接处有细微差别，怀疑××线断路器取气阀与表计连接处存有松动情况。通过 SF$_6$ 检漏仪检查发现表计的取气阀与表计连接处存有漏气点。表计的取气阀与表计连接处有松动情况如图 1-18 所示。检修人员紧固该阀门后，重新检漏未发现漏气情况。

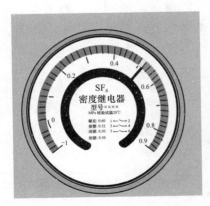 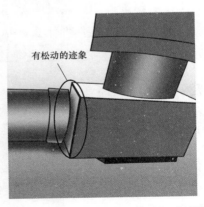

图 1-17　SF$_6$ 压力表　　　　图 1-18　取气阀与表计连接处松动情况

检修人员测量测控装置及就地断路器控制柜内上低气压告警端子均无电压。拆开××线断路器汇控柜内相应低气压告警端子，测量电阻显示该接点未接通；将该接点短接后监控系统能发信。检查情况说明××线断路

器 $SF_6$ 表计内的该接点故障。

根据现场情况分析，××线断路器 C 相漏气可能是由于取气阀与表计连接处运行时间较长密封老化，断路器操作试验等导致连接松动。××线断路器 C 相 $SF_6$ 低气压告警未发出可能是表计内告警发信接点未接通，或接点老化。

3. 防控措施

500kV ××变电站运行时间较长，断路器气体密封情况老化，有气压降低的情况纳入每日跟踪，确保异常情况在控。

断路器检修后，要求运维人员对检修后的断路器持续一段时间的断路器压力抄录，以便能够及时发现异常情况。

运维人员在日常巡视过程中发现的问题，应及时进行反馈，并征求专业处理意见。

# 任务四　巡视技能之"听"

## ▶【任务描述】

本任务主要讲解如何通过听觉巡视发现设备缺陷问题。通过图解示意的方式，了解巡视中需要听什么，熟悉设备不同问题发出的不同声音，掌握所听到声音的异常判断方法。

## ▶【知识要点】

耳勤：充分利用听觉功能，对设备在运行中发出的不同声音特点、音色的变化、音量的强弱、是否有杂音等，来判断设备的运行状况，准确掌握设备运行状态。

## ▶【技能要领】

### 一、变压器运行情况

变压器正常运行时发出均匀的"嗡嗡"声。"嗡嗡"声增大时，可能是变压器过负荷；发出"嘶嘶"声，则可能是套管脏污，表面釉质脱落或有裂纹存在；发出"吱吱"或"噼啪"声，则可能是内部发生放电；发出尖细的忽强忽弱的"哼哼"声，则可能是铁磁谐振造成的；发出"咕噜咕噜"的沸腾声，可能是内部发生短路引起油局部沸腾。变压器正常运行时，距离 2m 处，噪声水平一般不大于 75dB（75dB 相当于一辆卡车开过发出的声音，不同的变压器，说明书指示的最大噪声水平可能有所不同）。同时注意冷却器转动时是否有不规律的卡涩声，潜油泵是否有偏心振动声。变压器运行如图 1-19 所示。

## 二、并联低压电抗器运行情况

并联低压电抗器（简称低抗）正常运行时发出均匀的"嗡嗡"声。对于干式空心电抗器，在运行中或拉开后经常会听到"咔咔"声，这是电抗器由于热胀冷缩而发出的声音，可利用红外检测是否有发热，利用紫外成像仪检测是否有放电。若有杂音，检查是否为零部件松动或内部有异物。外表若有放电声，检查是否为污秽严重或接头接触不良。内部若有放电声，检查是否为不接地部件静电放电、线圈匝间放电。干式空心电抗器运行如图 1-20 所示。

图 1-19  变压器          图 1-20  干式空心电抗器

### 三、并联电容器运行情况

并联电容器正常运行时发出均匀而轻微的声音。有异常振动声时应检查金属构架是否有螺栓松动脱落等现象，有异常声音时应检查电容器有否渗漏、喷油等现象，有异常放电声时应检查电容器套管有无爬电现象。并联电容器运行如图1-21所示。

图1-21 并联电容器

### 四、电流互感器、电压互感器运行情况

互感器正常运行时应无声音。内部伴有"嗡嗡"较大噪声时，检查电流互感器二次回路有无开路现象或电压互感器二次电压是否正常。声响比平常增大而均匀时，检查是否为过电压、过负荷、铁磁谐振、谐波作用引起。内部伴有"噼啪"放电声响时，可判断为本体内部故障。外部伴有"噼啪"放电声响时，应检查外绝缘表面是否有局部放电或电晕。电压互感器运行如图1-22所示。

### 五、西门子液压机构断路器智能排气装置

西门子液压机构断路器机构箱内智能排气装置油位过低时，将无法自动排气，并发出"滴滴"的告警声，巡视过程中如听到，应手动对机构箱内

智能排气装置进行强排气，使其油位恢复正常。智能排气装置告警如图 1-23 所示。

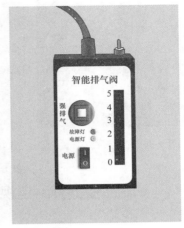

图 1-22 电压互感器　　　　图 1-23 智能排气装置

» 【典型案例】

1. 案例描述

2016 年 3 月 18 日，500kV ×× 变电站日常巡视时，发现 1 号主变压器 5 号电抗器有较大的偶发性异常声响。

2. 原因分析

检修人员与厂家检查共同发现低抗顶部调匝环与汇流排引线中间段断线 4 处，分别为 C 相第五包封处 2 根，B 相第八包封处 1 根，A 相第八包封处 1 根。包封与汇流排引线断线 1 处，位于 C 相第九包封处 1 根。其中，A、C 相调匝环与汇流排引线的断点均在中间段，即两根撑条的接触点。B 相调匝环与汇流排引线的断点在汇流排的焊接处，怀疑焊接不牢，焊点脱开。C 相包封与汇流排引线的断点在包封侧根部那段（此低抗每相有 14 个包封，每个包封大约有十多根引线）。撑条位移情况如图 1-24 所示。

检查每个断点，发现均有灼烧痕迹，周边均有发黑现象，且断点基本

17

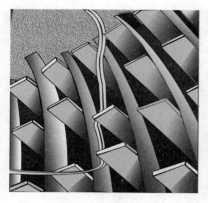

图1-24 撑条位移

上为引线与撑条的接触点。

3. 防控措施

对此厂家的电抗器进行排查。厂家针对多处断线的原因进行详细分析及提出处理方案。尽快落实解决方案，及时处理。

在日常巡视过程中，对于设备的异响应引起高度重视，必要时应由专业人员进行判断。

# 任务五 巡视技能之"切"

## ▶【任务描述】

本任务主要讲解如何通过触觉巡视发现设备缺陷问题。通过图解示意的方式，了解巡视中需要摸什么和测什么，熟悉设备非带电部位的正常状态以及设备数据的正常范围，掌握所摸到状态和测得数据的异常判断方法。

## ▶【知识要点】

手勤：对设备非带电部位用手触摸，通过手来感觉设备运行中的温度变化，振动情况。切忌乱摸乱碰，以免引发触电事故和误动事故。

## ▶【技能要领】

### 一、触摸开关柜

对于无法观察到内部情况的开关柜，可以通过触摸开关柜门等非带电部位，检查开关柜内部温度是否有异常升高、振动是否正常，如图1-25所示。

图 1-25 触摸开关柜门

## 二、触摸变压器

通过触摸变压器外壳等非带电部位，检查变压器内部温度是否有异常升高、振动是否正常，如图 1-26 所示。

## 三、触摸继电器或加热器

通过触摸运行中的继电器，检查继电器温度是否异常升高，继电器运行是否正常。触摸继电器时应特别小心，以免造成继电器误动作。三相不一致继电器、分合闸中间继电器等易引起误动作的继电器应严禁触摸。工作中的加热器不可直接触摸，可在附近感受温度，如图 1-27 所示。若无温

图 1-26 触摸变压器外壳

图 1-27 感受加热器温度

度，再检查温度控制器是否定值启动，综合判断加热器或温度控制器是否正常，应注意防止手烫伤。

≫ 【典型案例】

1．案例描述

2014 年 6 月 12 日，500kV ××电站变运维人员在巡视变压器油色谱在线监测数据过程中，发现 1 号主变压器 B 相油色谱总烃数据超标。现场巡视该相变压器过程中，运维人员无意间触摸 2 号潜油泵，发现其振动不规律，对比其他潜油泵明显振动较大。变压器潜油泵如图 1-28 所示。

图 1-28　变压器潜油泵

2．原因分析

初步分析为 2 号潜油泵有问题，检修人员对其进一步检查后发现其运行电流较其他油泵明显增大，且超过铭牌额定值。现场更换新泵，对异常潜油泵解体检查后发现，该潜油泵定子线圈有烧损情况，且定子、转子之间有磨损痕迹，制造工艺不严格，同时其中一个叶片已有部分断裂，造成油泵在运转过程中偏芯，引起油泵振动明显加强。综合判断为 2 号潜油泵故障引起油色谱总烃超标。更换油泵并观察一段时间后，1 号主变压器 B 相油色谱总烃数据恢复正常。

3．防控措施

在变压器油色谱数据异常时，在继续跟踪的同时应及时对变压器运行情况进行分析，综合多方面因素进行判断。对强油循环风冷的变压器，要注意对潜油泵的检查。

当潜油泵出现故障时，往往伴随着异响或异常振动，巡视中发现这种情况应引起重视。当潜油泵出现绕组烧损等故障时，应及时对变压器油进行油色谱分析，检查是否造成油色谱异常。

## 任务六 巡视技能之"测"

### 》【任务描述】

本任务主要讲解如何通过仪器测量发现设备缺陷问题。通过图解示意的方式，了解用仪器测什么，熟悉不同仪器和不同设备的不同测法，掌握所测得数据的异常判断方法。

### 》【知识要点】

定期对设备进行普测和抽测，通过对电流制热型设备和电压制热型设备红外测温测得数据进行横向纵向比较，判断设备是否存在异常发热或短路现象。采用万用表、钳型电流表等定期测量设备电压电流等，分析比对数据，及时发现设备异常。

### 》【技能要领】

#### 一、电流制热型红外测温

电流制热主要发生在设备导电回路及搭接面等有电流通过的部位。测温尽量选择在阴天、傍晚或夜间进行，避开阳光或灯光直射，最好在高峰负荷下进行，辐射率设置在正常范围（参考数值：瓷套类选 0.92，带漆部位金属类选 0.94，金属导线及金属连接类选 0.9），根据设备表面温度变化，三相设备相对温差，同类型设备进行比较判断设备是否存在发热。电流制热型设备缺陷诊断判据详见（DL/T 664—2008）《带电设备红外诊断应用规范》。电流制热型设备发热红外成像如图 1-29 所示。

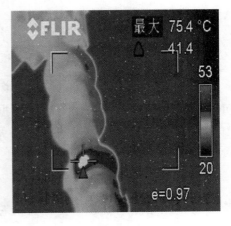

图 1-29 进线电缆终端伞裙发热

## 二、电压制热型红外测温

电压制热主要发生在与设备绝缘相关且无电流通过的部位，一般设备的瓷瓶上发热都可视为电压制热型。被检测设备周围应具有均衡的背景辐射，应尽量避开附近热辐射源的干扰，如变压器、电抗器、集合式电容器等，避开强电磁场，防止强电磁场影响红外热像仪的正常工作。电压制热型设备缺陷诊断判据详见 DL/T 664—2008《带电设备红外诊断应用规范》。电压制热型设备发热红外成像如图 1-30 所示。

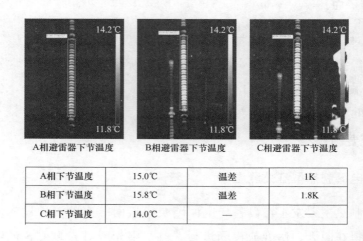

| A相下节温度 | 15.0℃ | 温差 | 1K |
| --- | --- | --- | --- |
| B相下节温度 | 15.8℃ | 温差 | 1.8K |
| C相下节温度 | 14.0℃ | — | — |

图 1-30　避雷器发热三相对比

## 三、万用表测量

定期用万用表测电压互感器二次电压，测得的数据应三相平衡且数据正常，比对监控后台数据与历史数据，及时发现数据突变等异常情况。电压互感器二次电压测量如图 1-31 所示。

## 四、钳型电流表测量

定期用钳型电流表测变压器铁芯、夹件电流。比对历史数据，及时发现数据突变等异常情况。在接地电流直接引下线段进行测试（历次测试位置应相对固定）。变压器接地电流大于 100mA 时应予注意。变压器铁芯电流测量如图 1-32 所示。

图 1-31　测量电压互感器二次电压　　　图 1-32　测量变压器铁芯电流

## 》【典型案例】

1. 案例描述

2011 年 9 月 20 日，红外测温发现 500kV ××变电站 3 号主变压器 500kV 避雷器 B 相上节存在发热异常。A、C 相避雷器表面最高温度由上至下近似呈递减趋势，而 B 相表面最高温度呈现上节与下节温度高于中节的 U 形分布，其上节最高温度为 27.8℃，与中、下节间的最大温差为 1.6K，与 A、C 相上节间的最大温差为 1.1K。依据 DL/T 664—2008《带电设备红外诊断应用规范》中的电压致热型设备缺陷诊断判据，属于重要缺陷。3 号主变压器 500kV 避雷器红外成像如图 1-33 所示。

同时通过阻性电流带电检测、高频局部放电和紫外检测未发现明显异常。

2. 原因分析

避雷器主要由氧化锌阀片和均压电容组成，下节氧化锌阀片无并联均压电容。实际情况下，避雷器受对地杂散电容的影响，上节避雷器的部分

23

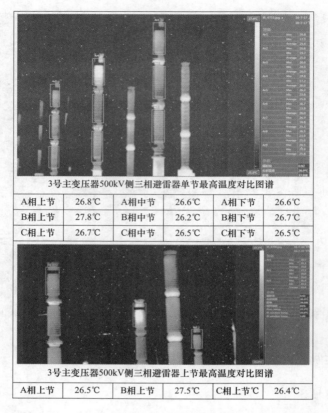

| A相上节 | 26.8℃ | A相中节 | 26.6℃ | A相下节 | 26.6℃ |
| B相上节 | 27.8℃ | B相中节 | 26.2℃ | B相下节 | 26.7℃ |
| C相上节 | 26.7℃ | C相中节 | 26.5℃ | C相下节 | 26.5℃ |

3号主变压器500kV侧三相避雷器上节最高温度对比图谱

| A相上节 | 26.5℃ | B相上节 | 27.5℃ | C相上节℃ | 26.4℃ |

图1-33　3号主变压器500kV侧避雷器发热三相对比

泄漏电流会通过杂散电容流失，导致上节的泄漏电流会大于下节的泄漏电流。因此，在每节避雷器内部阀片数量相同的情况下，上节承担的电压最高，下节最低，使得电压分布不均匀系数增加。解决此问题一般通过以下三种方法：

（1）安装均压环。通过均压环的形状、尺寸、罩深等以偿杂散电容造成的电流损失。

（2）提高阀片固有电容。固有电容越大，抵抗杂散电容干扰的能力越强。

（3）并联均压电容。通过在阀片两端并联电容进行强制均压。避雷器生产早期由于受阀片制造工艺限制，一般通过安装均压环和并联电容来改善电场分布，以减小电压分布不均匀系数。3 号主变压器 500kV 避雷器 B 相就属于这种情况。

对更换下的避雷器进行绝缘电阻、电容量、直流泄漏电压、工频参考电流下工频参考电压试验，绝缘电阻、直流泄漏电压、工频参考电流下工频参考电压试验数据均满足相关要求，说明避雷器绝缘状况良好，整体应不存在密封不严导致的受潮、腐蚀、老化等问题。但电容量测试时发现中节电容量最高，上节次之，此现象所表现的规律违背了避雷器均压电容设计的初衷，使得避雷器的电压分布不均匀系数增加。

对异常避雷器进行了解体及试验。发现上节氧化锌阀片并联了一柱均压电容，而中节的氧化锌阀片并联了两柱均压电容，说明设备出厂时，上节和中节顺序装反。

解体后试验说明上节及中节内的均压电容不存在性能质量问题，即导致设备异常的原因只有上、中节避雷器装反这一可能。

避雷器的上节和中节装反后，在一定程度上增加了上节分担的电压，降低了中节分担的电压，从而使得电压分布不均匀系数增加，进一步使得部分阀片的荷电率增加。

3. 防控措施

从停电试验数据和避雷器持续运行电流检测情况即可看出，红外测温及电容量测试是发现此类缺陷行之有效的方法。避雷器的温升异常缺陷主要为电压致热型发热，一般由内部轻微受潮、劣化或避雷器分压不均等原因引起。此类缺陷通常表现出的温升数值较小，不易察觉，测温时要特别注意对比。尽量选择凌晨或晚上开展电压致热型设备红外测温工作，以保证测温数据的准确性。若红外测温、阻性电流检测发现发热避雷器温差继续增长、阻性电流增大等异常现象，应立即对该组避雷器停电处理。

# 项目二

# 倒 闸 操 作

>> 【项目描述】

电气设备分为运行、热备用、冷备用、检修四种状态。将设备由一种状态转变到另一种状态的过程称为倒闸操作。由于倒闸操作直接对应于电气设备，对电网安全性产生直接影响，一旦发生误操作事故，将对人身、电网、设备安全造成严重后果。因此，倒闸操作当属变电运维岗位工作中的重中之重，倒闸操作必须严格执行"六要、七禁、八步骤"。

# 任务一 操作前准备

>> 【任务描述】

本任务主要讲解倒闸操作前需要进行各项准备工作，包括调控中心预令接收、倒闸操作票开票与审票、工器具准备与检查等工作。

>> 【知识要点】

倒闸操作前，应做好完善、充足的准备，以保证倒闸操作顺利、有序、安全进行。切实保障操作人员精神状态良好，劳动防护用品应合格完备，操作工器具合格完备，操作票审核合格及核对性预演正确。

>> 【技能要领】

## 一、倒闸操作票开票与审票规范

倒闸操作前应根据调控中心预令，正确填写操作票。操作票应由操作人填写，并经操作人自审后，由操作监护人、值班负责人进行逐级审核，确认操作票填写正确并签字。正式操作须待调控中心下达操作正令后方可执行。对操作命令有疑问或发现与现场情况不符时，应及时向发令人提出。审核操作票时，应认真检查操作票的填写是否有漏项，顺序是否正确，术语使用是否正确规范,内容是否简单明了,有无错漏字等。

### 二、倒闸操作前工器具准备

倒闸操作一定要按规定使用合格的安全用具(如验电器、绝缘杆),应穿工作服、绝缘鞋,正确佩戴安全帽,绝缘手套等安全防护用品。工器具准备见图 2-1。

倒闸操作前,工器具应准备完备,所选工器具对应相关电压等级,并符合具体操作步骤要求。

作业人员着装应符合要求,衣服和袖口必须扣好,安全帽应按规定正确佩戴,作业人员正确着装示意如图 2-2 所示。

图 2-1　工器具准备　　　　图 2-2　作业人员正确着装

### 三、安全工器具检查(绝缘手套、绝缘靴、验电器)

安全工器具使用前应进行检查外观、试验日期,确认安全工器具未超过使用有效期且性能完好。

(1)绝缘手套、绝缘靴外观检查如图 2-3 所示,如发现发粘、破损、裂纹、破口、漏气等损坏时禁止使用。绝缘手套、绝缘靴试验合格检查见图 2-4。绝缘手套检查时必须进行无漏气检测,可采用充气挤压法检查有无漏气,如图 2-5 所示。

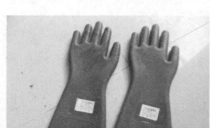

图 2-3　绝缘手套、绝缘靴外观检查

图 2-4　绝缘手套、绝缘靴试验合格检查

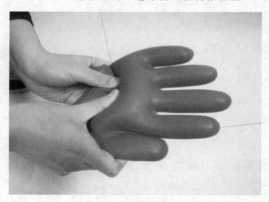

图 2-5　充气挤压法检查

经检查合格后，绝缘手套在使用时应将工作服袖口放在手套内，绝缘靴在使用时应将裤脚放入绝缘靴内，如图 2-6 所示。

（2）验电器检查时，外观应无裂痕、破损、污渍，如图 2-7 所示。验电器声光装置确证良好（见图 2-8），有试验合格标签（见图 2-9），标有电压等级，未超过使用有效期。

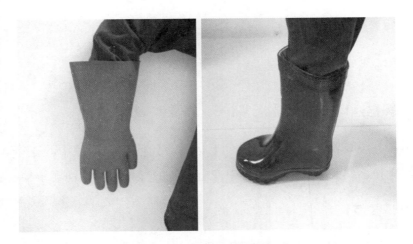

图 2-6　绝缘防护用具的正确穿戴

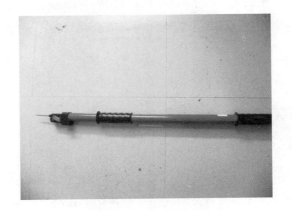

图 2-7　验电器外观检查

图 2-8　验电器声光装置检查

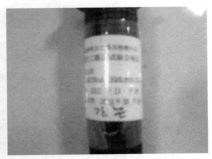

图 2-9　验电器试验合格检查

## 任务二 接令、唱票、复诵、检查

》【任务描述】

本任务主要讲解调控中心正令下达后，如何接收调控中心正令，并执行倒闸操作。熟悉掌握倒闸操作中变电设备的检查内容及注意事项。

》【知识要点】

倒闸操作应严格按照操作票顺序操作，履行监护复诵制度。操作前，应仔细核对操作对象双重命名，防止走错间隔。隔离开关应有完善的机械、电气、逻辑闭锁，若遇隔离开关被闭锁不能操作时，应查明原因，不得随意解除闭锁。

》【技能要领】

### 一、如何接调控中心正令

调控中心正令应由上级批准的人员接受，接令时发令人与受令人应先互报单位和姓名，对指令有疑问时，应向发令人询问清楚无误后执行。接受调控中心指令应全程录音，且必须有监听人员。调控中心正令接令如图 2-10 所示。

图 2-10 调控中心正令接令

## 二、倒闸操作中关于操作人与监护人的要求

操作时，操作人在前，监护人在后，到达操作项目地点，并认真核对操作对象双重命名，如图 2-11 所示。防止走错间隔。

## 三、倒闸操作中的监护复诵制度

操作中，严格执行监护复诵制度，防止走错间隔。监护人对操作票上内容进行唱票后，操作人应手指操作对象并对操作内容进行复诵，如图 2-12 所示。在监护人核对正确完毕，发出"正确，执行"的指令后，方可执行操作。唱票复诵过程应态度严肃、口齿清晰、声音洪亮。

图 2-11　操作对象核对　　　　　　图 2-12　监护复诵制度

## 四、倒闸操作后设备位置检查

（1）断路器检查注意事项。断路器操作前，应检查控制回路、液压回路是否正常，储能机构是否已储能，即具备操作条件。断路器油位、油压、$SF_6$ 压力应在正常范围之内。断路器有关保护和自动装置应投入运行，操作前后应检查分合闸位置指示正确，三相一致。操作过程中，应同时监视有关电压、电流、功率三相显示正常。合闸送电后有无异味。

操作前应检查分合闸位置指示正确，操作完成后，应逐相检查断路器的变位情况，包括机械位置指示（见图 2-13）、断路器的拐臂位置（见图 2-14和图 2-15），确保三相动作一致。

图 2-13　220kV 西门子 3AQ1-EE 断路器分、合闸机械位置指示

图 2-14　220kV 西门子 3AQ1-EE 断路器合闸时拐臂位置

图 2-15　220kV 西门子 3AQ1-EE 断路器分闸时拐臂位置

断路器的油压及 $SF_6$ 压力应在正常范围内，以 220kV 西门子 3AQ1-EE 断路器为例，如图 2-16 所示，油压正常值应在（320～355）±4bar❶；$SF_6$ 压力正常值可参照表 2-1。

图 2-16　断路器状态信息检查

表 2-1　　　　　　　西门子 3AQ1-EE 断路器 $SF_6$ 压力与温度对照表

| 温度（℃） | 额定压力（bar） | 报警压力（bar） | 闭锁压力（bar） |
|---|---|---|---|
| 45 | 7.8 | 7.2 | 7.0 |
| 40 | 7.65 | 7.0 | 6.8 |
| 35 | 7.45 | 6.8 | 6.6 |
| 30 | 7.3 | 6.7 | 6.5 |
| 25 | 7.2 | 6.5 | 6.3 |
| 20 | 7.0 | 6.4 | 6.2 |
| 15 | 6.85 | 6.2 | 6.0 |
| 10 | 6.7 | 6.0 | 5.8 |
| 5 | 6.6 | 5.85 | 5.65 |
| 0 | 6.4 | 5.7 | 5.5 |
| −5 | 6.25 | 5.5 | 5.3 |
| −10 | 6.1 | 5.4 | 5.2 |
| −15 | 6.0 | 5.2 | 5.0 |

------

❶　$1bar = 10^5 Pa$。

（2）隔离开关检查注意事项。隔离开关操作时，应检查动、静触头接触位置符合规定要求，以防出现操作不到位现象。此外，还应对其支撑绝缘子、传动杆动作情况进行持续关注。若遇隔离开关被闭锁不能操作时，应查明原因，不得随意解除闭锁。隔离开关检查如图 2-17 所示。

动静触头
连接

导电臂
垂直

图 2-17　隔离开关检查

1）冬季进行倒闸操作隔离开关前，必须检查隔离开关静触头无冰冻或积雪，才允许进行合闸操作，防止顶歪或推倒支撑绝缘子，引发事故。

2）双柱水平旋转式隔离开关，合闸到位时每相闸刀导电臂轴线成一直线且处于水平状态，如图 2-18 所示。

3）单柱垂直伸缩式隔离开关，合闸到位时上臂的轴线必须处于垂直位置，下臂过"死点"且下臂与上臂的角度不超过 2°。

4）隔离开关合闸到位检查，可通过过"死点"判断，如图 2-19 所示。若在白天进行操作，可通过"透光法"检查隔离开关动、静触头是否完全咬合，如图 2-20 所示。

（3）GIS 设备在操作前后应仔细检查设备位置指示，确认气室压力确在正常范围，GIS 设备附近无异味、异响、漏气、漏油等现象，如图 2-21 所示。

（4）监控后台检查注意事项。倒闸操作前后，应检查监控后台中设备变位情况、光字牌及简报信息，确证后台位置显示与现场实际位置相对应。并关注对应间隔的潮流变化情况，有无异常的信号，如图 2-22 所示。

图 2-18  双柱水平旋转式隔离开关检查

图 2-19  单柱垂直伸缩式
隔离开关过"死点"

图 2-20  运用"透光法"检查
隔离开关位置状态

图 2-21  GIS 设备气室
压力检查

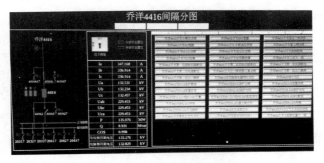

图 2-22  监控后台检查

≫【典型案例】 操作后检查不到位，造成误操作

1. 案例描述

2009 年 2 月 11 日，某 500kV 变电站进行 500kV 4 号主变压器由检修改为运行操作。17：11，对 4 号主变压器进行复役操作，进行模拟操作后正式操作，操作票共 103 项。由于 502117 接地隔离开关 A 相分闸未到位，操作人员未按规定逐相检查接地隔离开关位置，未能及时发现 502117 接地隔离开关 A 相未完全分开的情况。17：56，在操作到第 72 项"合上50211"时，50211 隔离开关 A 相发生弧光短路，500kVⅠ母母差保护动作，切除 500kVⅠ母线所联的 5011、5031、5041 开关。现场检查一次设备：502117 接地隔离开关 A 相分闸不到位，502117 接地隔离开关 A 相动触头距静触头距离约 1m。50211 隔离开关 A 相均压环有放电痕迹，不影响设备运行，其他设备无异常。

2. 原因分析

（1）事故直接原因是由于操作 502117 接地隔离开关时 A 相分闸未到位，造成 50211 隔离开关带接地开关合主刀，引发 500kVⅠ母线 A 相接地故障。

（2）事故暴露出现场操作人员责任心不强，未严格执行倒闸操作相关规定，未对接地隔离开关位置进行逐相检查，未能及时发现 502117 接地隔离开关 A 相未完全分开的情况。

（3）50211、502117 隔离开关为沈阳高压开关厂 2004 年产品，型号GW6-550ⅡDW。该产品因操作机构卡涩，502117 接地隔离开关 A 相分闸未完全到位。

（4）50211、502117 隔离开关为一体式隔离开关。50211 与 502117 隔离开关之间具有机械联锁功能，连锁为"双半圆板"方式。经现场检查发现 50211A 相主刀的半圆板与操作轴之间受力开焊，造成机械闭锁失效。

3. 防控措施

（1）加强现场安全监督管理，严格执行"两票三制"，认真规范作业流

程、作业方法和作业行为。

（2）认真落实《防止电气误操作安全管理规定》，有效防止恶性误操作及各类人员责任事故的发生。

（3）深刻吸取事故教训，认真排查设备隐患，尤其对同类型设备要立即进行全面检查，举一反三，坚决消除装置违章，防止同类事故重复发生。

# 任务三 验电、挂接地线、使用万用表

## ≫ 【任务描述】

本任务主要讲解倒闸操作中如何进行验电、挂接地线，以及在二次设备上如何正确使用万用表进行测量工作。

## ≫ 【知识要点】

验电时，应使用相应电压等级而且合格的接触式验电器，在装设接地线或合接地隔离开关处三相分别验电。对无法进行直接验电的设备，可通过设备的机械指示位置、电气指示、带电显示装置、仪表及各种遥测、遥信等信号的变化来判断。判断时，应有两个及以上非同源或非同样原理的指示，且所有指示均已同时发生对应变化，才能确认该设备已无电；若进行遥控操作，则应同时检查隔离开关的状态指示、遥测、遥信信号及带电显示装置等指示进行间接验电。

## ≫ 【技能要领】

### 一、如何进行验电

验电时，应使用相应电压等级且合格的接触式验电器，在装设接地线或合接地隔离开关处对各相分别验电。验电前，应先在有电设备上进行试验，确认验电器良好；无法在有电设备上进行试验时，可用工频高压发生器等确认验电器良好。使用验电器时，应将验电器绝缘棒拉伸至规定长度，手握部位不得超过护环。操作人员应戴绝缘手套、穿绝缘靴。验电时，应缓慢接近被验设备，切记过急过猛，防止对设备的绝缘子等造成损伤。

验电时，必须直接触碰被验电处的金属部位，如图 2-23 所示。雨雪天禁止在户外直接验电，可以进行间接验电，即通过设备的机械位置指示、电气指示、带电显示装置、仪表及各种遥测、遥信等信号的变化来判断。判断时，至少应有两个非同样原理或非同源的指示发生对应变化，且所有这些确定的指示均已同时发生对应变化，才能确认该设备已无电。

图 2-23　验电

## 二、如何挂接地线（包括接地线检查）

挂接地线前，必须先进行逐相验电。验明确无电压后，应立即装设接地线并三相短路。挂接地线时，应先装接地端，后装导体端，拆除接地线时与之相反，如图 2-24 所示。接地线必须接触良好，连接应可靠。工作临时中断或人员短时离开后，应重新核对间隔命名，重新验电，验明确无电压后，立即装设接地线。对于电缆，电容器等具有储能功能的设备，装设接地线前应先逐相充分放电。

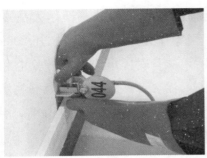

图 2-24 接地

### 三、二次设备操作如何使用万用表

万用表在使用前应检查万用表电源及功能正常，如图 2-25 所示。用短路检测法检查万用表良好（将功能、量程开关切至发声挡，将两表笔短接，蜂鸣器发声）。在进行保护装置跳闸出口压板投入前，必须使用万用表直流电压挡，测量压板两端确无电压后，才能进行操作，如图 2-26 所示。

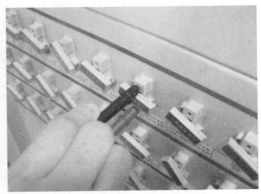

图 2-25 万用表的检查　　　　图 2-26 万用表的使用

≫【典型案例】 操作中未按规定进行验电，没有核对设备间隔名称，造成误操作

1. 案例描述

2008 年 7 月 2 日，某 220kV 变电站值班人员在执行"220kV 副母由运

41

行改检修"的操作过程中发生了一起恶性误操作事故。操作人员在操作"220kV副母由运行改检修任务"时，当操作完第43步："拉开220kV副母压变隔离开关操作电源隔离开关"后，准备对停电设备进行验电和合接地隔离开关，操作人（张××）监护人（潘××）一同到安全器具室拿操作手柄和操作第（3）项任务所需的接地线。张××拿接地线走在前，潘××拿操作票、电脑钥匙走在后，当走到220kV正母2号接地隔离开关处，潘××误以为是220kV副母1号接地隔离开关，在没有验电、没有核对确认所处间隔是否正确、没有打开220kV正母2号接地隔离开关防误挂锁的情况下，7时38分潘××将操作手柄放入摇孔强行摇动，导致"五防"挂锁固定螺栓在转动过程中断裂，220kV正母2号接地隔离开关在合闸过程中拉弧，引起110kV母差保护动作，跳开连接在220kV正母上的所有开关。

2. 原因分析

（1）当值操作人员违反《电力安全工作规程》和倒闸操作"六要七禁八步一流程"作业规范，监护人员、操作人员职责不清、未进行唱票复诵、未核对设备名称、不按操作票顺序操作、未验电、未按正常操作程序使用防误解锁钥匙，强行合上接地隔离开关是造成这次事故的直接原因。

（2）布置操作任务时，未能安排好操作前准备工作，未能详细交代操作安全注意事项，未能落实危险点分析预控措施是造成这次事故的重要原因。

（3）事故暴露出变电站管理人员安全意识淡薄、管理松懈、制度规定执行上不到位等严重的安全管理问题，习惯性违章行为未能及时予以纠正，使得习惯性违章作业现象得以随意存在。

（4）这起误操作事故暴露了安全管理制度执行不严、落实安全管理措施不力、抓职工安全意识教育不实等问题。对重大操作未能安排工区领导到现场进行事先的检查与事中的监督。对变电站平时暴露出来的安全管理问题掌握不全面，监管不到位。

3. 防控措施

（1）变电运维人员必须认真学习并严格执行《国家电网公司电力安

工作规程（变电部分）》和倒闸操作"六要七禁八步一流程"作业规范，切实提高安全意识，加强工作责任心，坚决杜绝一切违章操作行为。

（2）要制定切实可行的培训计划，加强对新进运维人员和在职运维人员规范化操作的培训和教育，进一步规范操作行为。

（3）加强对重要作业现场和复杂工作的把关力度。遇有重大操作，安全生产保证体系的相关管理人员必须要到现场加强检查、督促、指导、把关、考核，保证作业现场组织措施到位、技术措施到位、安全措施到位。

（4）安全生产监督体系人员应进一步加强对现场的监督检查，狠抓安全管理规程制度的执行力，加大反违章稽查的考核力度，坚决杜绝各类误操作事故的发生。

# 任务四　异常判断及注意点

## ≫【任务描述】

本任务主要讲解倒闸操作若遇异常情况，如何进行判断与处理，并对倒闸操作中的解锁流程进行描述。

## ≫【知识要点】

隔离开关应有完善的机械、电气、逻辑闭锁，若遇隔离开关被闭锁不能操作时，应查明原因，不得随意解除闭锁。断路器在倒闸操作中出现异常时，应检查断路器机械部分、控制回路、液压回路、储能机构等，综合判断断路器是否具备操作条件。在倒闸操作中，监控后台出现异常光字信息时，应立即停止操作，查明原因。

## ≫【技能要领】

### 一、断路器、隔离开关无法操作时如何检查判断

断路器无法操作时，首先应检查操作电源小开关是否合上，端子箱及

测控屏上"远方/就地"位置是否切至"远方"。检查是否存在闭锁信号。检查控制回路、液压回路是否正常，储能机构是否已储能，断路器油位、油压、$SF_6$ 压力应在正常范围之内。隔离开关应有完善的机械、电气、逻辑闭锁，若遇隔离开关被闭锁不能操作时，应查明原因。在确认"五防"闭锁正常后，再对控制回路进行检查。

断路器、隔离开关无法操作时，应先区分是电动回路还是机械传动回路故障，再进行相应的操作失灵原因查找。手动操作式隔离开关，主要检查机械联锁是否开放到位，机械传动部件有否损坏或卡滞。

### 二、操作中如何履行解锁流程

不准随意解除闭锁装置。解锁工具（钥匙）应封存保管，所有操作人员和检修人员禁止擅自使用解锁工具（钥匙）。若遇特殊情况需解锁操作，应经运维管理部门防误操作装置专责人或运维管理部门制定并经书面公布的人员到现场核实无误并签字后，由运维人员报告当值调控人员，方能使用解锁工具（钥匙）。单人操作、检修人员在倒闸操作过程中禁止解锁。如需解锁，应待增派运维人员到现场，履行上述手续后处理。解锁工具（钥匙）使用后应及时封存并做好记录。

### 三、倒闸操作中二次设备异常时如何检查

在倒闸操作中，监控后台或保护装置出现异常光字信息时，应立即停止操作，查明原因。二次设备常见的异常情况包括：直流系统异常（直流接地、直流电压低或高）、二次接线异常（控制回路断线等）、继电保护及自动装置异常（通道异常、装置故障等）。查找原因时，应根据异常信息及现象进行综合分析，考虑对其他运行设备的影响，逐步缩小排查范围，查明异常点并进行排除。

### 四、操作大电流端子的注意点

操作 500kV 大电流端子时，应先取下所有连接位置螺丝（短接位置螺

丝），再放上短接位置螺丝（连接位置螺丝）。操作时还应检查铜螺纹、底座绝缘胶木磨损情况，螺栓凹槽有无残留物等。

## ≫ 【典型案例】 隔离开关操作失败分析与处理

1. 案例描述

2012 年 12 月 8 日，某 500kV 变电站因 3 号主变压器冷控改造工作，需停役 3 号主变压器，当运维人员对进行 3 号主变压器 50611 隔离开关分闸操作时，发生 3 号主变压器 50611 隔离开关不能分闸。

2. 原因分析

隔离开关操作失败首先要区分是机械故障还是电气回路故障。

机械故障可能有机械转动、传动部分的卡死，相关轴销脱落，也有转动、传动连杆焊接脱落等方面的原因。一般来说，发生隔离开关机械故障时，运维人员无法处理，需及时汇报，要求将故障设备停电，并请专业人员处理。

电气回路故障可能情况有：不满足隔离开关操作的闭锁条件、三相操作电源不正常、闭锁电源不正常、热继电器动作不复归、操作回路断线，端子松动，接触器或电动机故障，断路器或隔离开关或接地隔离开关辅助触点切换不良，控制开关把手触点切换不良等方面问题。以 50611 隔离开关为例说明如下：

（1）在判断隔离开关机械正常后，隔离开关操作失败则是电气回路故障造成。首先检查操作隔离开关设备状态是否满足要求，核对操作设备名称编号，是否有跑错间隔情况。汇控箱内就地—远方切换开关是否在远方位置。

（2）此时可进行远方和就地电动各试操作一次，如就地电动操作成功，则说明后台遥控接点或手合 KK 触点及操作重动继电器触点动作不正确、就地—远方切换开关触点切换不良引起。

（3）如远方和就地电动操作均失败，则说明公共电气回路上故障，则对以下回路排查：

1）检查监控后台画面显示"允许"还是"禁止"。如监控后台画面显示"禁止"，则说明测控装置闭锁逻辑不正常。

2）检查操作电源回路电源是否正常。检查交流操作电源小开关或熔丝是否跳开或熔断。

3）检查电气闭锁回路触接点是否正常。可用万用表置"交流电压"挡，测量回路中所接端子对地交流电压是否正常。

4）检查汇控箱合（分）闸接触器 KC（KO）动作是否正常。观察分合闸接触器是否吸合动作，有无异常声响，有无卡涩，如确认分合闸接触器没有动作，用万用表置欧姆挡检查接触器线圈是否断线。

5）检查分控箱内 A、B、C 相交流控制电源小开关是否在合上位置，如断开则合上。如再跳开，则需查明原因。

6）检查分控箱内隔离开关分、合闸辅助触点的切换是否正常。断开交流操作电源小开关，用万用表置欧姆挡测量端子是否接通。如触点损坏考虑更换辅助接点。

7）检查电动机电源小开关是否在合上位置。如断开则合上。如再跳开，则需查明原因。

8）检查电动机热保护继电器是否动作，如动作及时复归。

3. 防范措施

（1）维护隔离开关操作失败简单处理应必须保持安规规定的安全距离，否则应停电进行。

（2）在未查明原因前不得操作，严禁用顶合隔离开关分、合闸接触器的行为来操作隔离开关，否则可能造成设备损坏如母线隔离开关绝缘子断裂而造成母线故障。

（3）在维护处理过程中不准采用短接线或擅自解锁的方式对隔离开关进行操作。

（4）隔离开关操作失败维护处理工作结束，设备运行后应加强红外线测温和监视。

项目三

# 变电工作
# 许可、终结

▶ 【项目描述】

本项目包含变电工作票执行过程中的几个重要环节，通过对变电工作票的票面审核、安全措施布置、现场许可、工作过程的执行、工作终结等内容的说明、关键技能图解及案例分析，了解变电工作票许可、终结的相关流程及注意点，掌握变电工作票许可和终结的相关内容。

# 任务一　票　面　审　核

▶ 【任务描述】

本任务包含变电工作票的票面审核，通过对变电工作票票面的审核要求，了解对变电工作票上各个项目的填写要求，熟悉工作票审票的原则，掌握工作票审核过程中的关键点。

▶ 【知识要点】

（1）工作票制度是保证检修人员施工安全和设备安全的有效措施，是电力系统变电运行管理工作的一项重要内容。

（2）在电气设备上工作，保证安全的技术措施有停电、验电、接地、悬挂标示牌和装设遮栏（围栏）。

▶ 【技能要领】

**一、工作任务及工作地点**

（1）工作内容应填写检修、试验项目的性质和具体内容。

（2）工作地点是指工作设备间隔或某个具体的设备，应填写调度发文的设备双重命名。

（3）工作内容和工作地点的填写应完整，即应将工作地点及其相应的工作内容全部填写清楚，如图3-1所示示例，工作内容是检修、试验，工作地点是"500kV设备区：章古线5033断路器"。

单位：__检修公司__ 　　　　　　　编号：×××××

1. 工作负责人（监护人）：__王×__ 　　班组：__检修班、试验班__

2. 工作班人员（不包括工作负责人）：

　黄××、王××、李××、张××、赵××、陈××共 __6__ 人

3. 工作的变、配电站名称及设备双重名称：

__500kV越古变电站：章古线5033断路器__

4. 工作任务：

| 工作地点及设备双重名称 | 工作内容 |
|---|---|
| 500kV设备区：章古线5033断路器 | 检修、试验 |

图 3-1　工作任务、地点

## 二、工作时间

工作时间应与停役申请中经调度运方批准的检修期限一致。

## 三、工作负责人

工作负责人与各个单位每年公布的工作负责人名单对应。

## 四、安全措施

### （一）应拉断路器和隔离开关栏

（1）填写应拉开的断路器和隔离开关，如图 3-2 所示，必要时可附页绘图说明。

| 应拉断路器、隔离开关 | 已执行 |
|---|---|
| 拉开5033断路器，拉开50331、50332隔离开关 | |
| 断开5033断路器控制电源和合闸电源，断开50331、50332隔离开关控制电源和动力电源 | |
| 将50331、50332隔离开关操作机构箱门锁住 | |

图 3-2　应拉断路器和隔离开关栏

49

（2）变电站全停集中检修时，可仅将检修区域最边界所有设备间隔的断路器和隔离开关填入该栏中。

**（二）应装接地线、应合接地隔离开关（注明确实地点、名称及接地线编号\*）栏**

（1）填写防止各侧来电应合的接地隔离开关和应装设的接地线（包括所用变压器低压侧和星形接线电容器的中性点处）。

（2）线路侧装设接地线或合接地隔离开关，要保证线路接地点外侧工作地点与接地点间的距离不超过 10m，否则应增设接地线；

（3）接地隔离开关和接地线须逐项分别填写，每个序号填写一把接地隔离开关或接地线，接地隔离开关的名称和接地线的位置、编号须填写完整。接地隔离开关须填写双重命名，接地线须注明接地的确切地点和接地线的编号：合上××接地隔离开关，或在××与××之间挂×号（许可时填写）接地线。应装接地线、应合接地隔离开关栏如图 3-3 所示。

| 应装接地线、应合接地隔离开关(注明确实地点、名称及接地线编号*) | 已执行 |
|---|---|
| 合上503317接地隔离开关 | |
| 合上503327接地隔离开关 | |

图 3-3　应装接地线或应合接地隔离开关闸栏

**（三）应设遮栏、应挂标示牌及防止二次回路误碰等措施栏**

（1）填写检修、试验现场应设置的遮栏和应挂标示牌及防止二次回路误碰等安全措施；应设遮栏、应挂标示牌及防止二次回路误碰等措施栏如图 3-4 所示。

（2）设置的遮（围）栏须明确所围的设备是否属于检修设备，并明确具体的范围（位置）。标示牌应明确具体的悬挂位置。悬挂红布幔或遮布，可填写"在相邻运行设备上悬挂红布幔或遮布"字样。

（3）仅填写要求运维值班员实施的防止二次回路误碰措施。工作班自行实施的措施，应单独填写二次工作安全措施票。

| 应设遮栏、应挂标示牌及防止二次回路误碰等措施 | 已执行 |
|---|---|
| 在50331、50332隔离开关操作机构箱门上各挂"禁止合闸，有人工作!"标示牌 | |
| 在5033断路器四周装设围栏，围栏上向内挂"止步，高压危险!"标示牌，在围栏出入口挂"从此进出!"标示牌 | |
| 在5033断路器处设置"在此工作!"标示牌 | |
| 在监控显示屏上50331、50332隔离开关操作处设置"禁止合闸，有人工作!"的标记 | |

图 3-4　应设遮栏、应挂标示牌及防止二次回路误碰等措施栏

### （四）工作地点保留带电部分和注意事项栏

（1）填写安全措施栏无法反映但又必须向工作人员交代的保留带电部分和安全注意事项，由工作票签发人根据作业现场的实际情况填写，如：

1）工作地点仍保留的带电部分。

2）检修人员自行增设的防止因误碰、误动和震动引起运行设备跳闸的措施。

3）进入 $SF_6$ 开关室、电缆沟、电缆井、电缆室等场所应事先进行通风、个人防护等措施。

4）多班组、多专业配合工作时的注意事项，如二次传动工作前，事先通知同间隔一次检修工作间断等。

5）需要提醒工作人员在作业中引起注意的事项，如在设备搬运、长柄工具使用时要与带电部分保持足够的安全距离（应注明具体数据）等。

（2）填写工作地点保留带电部分必须注明具体设备和部位，如图 3-5 所示。

| 工作地点保留带电部分或注意事项（由工作票签发人填写） | 补充工作地点保留带电部分和安全措施(由工作许可人填写) |
|---|---|
| 相邻的5032断路器间隔、5043断路器间隔运行。500kVⅡ母带电，章古5487线带电 | |

图 3-5　工作地点保留带电部分或注意事项栏

**（五）补充安措是否完善，上方高跨线、吊机安全距离**

（1）填写"安全措施"栏中无法反映但又必须向工作负责人交代的保留带电部分及其他安全措施，以及"工作地点保留带电部分和注意事项"栏要求运维值班员实施安全措施的执行情况，由工作许可人根据工作需要及现场布置的实际填写。

（2）补充工作地点保留带电部分必须注明具体设备和部位，如：

1）单一间隔一次设备检修：应注明相邻间隔设备运行状况、线路侧是否带电、该间隔所连母线是否带电。

2）开关室内开关柜上保护装置工作：相邻开关柜运行状况、开关柜所连母线是否带电。

3）控制保护室内整屏工作：左右屏运行状况。

4）控制、保护室屏内某一套装置工作：该套装置四周的保护装置的运行状况。

5）设备上方是否存在带电导线或其他运行设备并注明。

（3）此栏内容统一打印，必要时可手写补充。

**（六）简图**

（1）主变压器、母线、多间隔一次设备检修应画简图。

（2）应在简图中画（标）出如下内容：

1）检修、试验主要设备，如母线、断路器、隔离开关、变压器等。

2）需要实施安全隔离措施或其他安全措施的相邻设备单元。

3）检修、试验设备所属的母线。

4）作为安全措施的隔离开关、高压熔丝等隔离设备。

（3）本工作票安全措施栏中的接地开关和接地线。由检修人员根据现场实际情况临时增设的接地线可不反映。

（4）简图中的线路、变压器、母线、母联断路器、母分断路器、旁路断路器等间隔应标上名称。

（5）常见简图符号可参照国家电网公司有关规范。

# 任务二 安 全 措 施 布 置

## 【任务描述】

本任务主要介绍变电工作票中常见的安全措施布置，通过图解说明围栏布置的要领和标示牌设置要求，了解围栏布置的原则和标示牌的适用范围，掌握变电工作票的安全措施布置。

## 【知识要点】

（1）安全措施是保证工作人员在电气设备上安全工作的措施。

（2）围栏是起安全隔离作用的。防止工作人员跑错间隔，误入带电设备区。

（3）标示牌是对工作人员起提醒和指示作用。

## 【技能要领】

### 一、围栏布置

（1）在室外高压设备上工作，应在工作地点四周装设围栏，其出入口要围至临近道路旁边。如图 3-6 所示。

图 3-6　围栏布置

（2）如隔离开关一侧带电，则围栏不应包含该隔离开关操作手柄或操作机构箱。

（3）围栏垂直空间内不宜有带电部位，若确实无法避免带电部位时，工作许可人应作为补充工作地点保留带电部分填写并向工作负责人交代清楚，补充工作地点保留带电部分如图3-7所示。

图 3-7　补充工作地点保留带电部分

（4）在保护小室工作屏的相邻运行设备上悬挂红布幔或遮布，如图3-8所示。

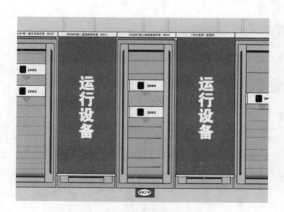

图 3-8　红布幔或遮布

二、标示牌设置

（1）在工作地点或检修设备上设置"在此工作"标示牌。

（2）检修设备四周围栏应有进出通道，其出入口要围至临近道路旁边，并挂"从此进出"标示牌，便于检修人员进出。

（3）在室外构架上工作，应在作业人员上下铁架或梯子上挂"从此上下"标示牌，如图 3-9 所示。

图 3-9 "从此上下"标示牌

（4）以下情况应悬挂"止步，高压危险"标示牌：

1）工作地点四周围栏上悬挂适当数量的"止步，高压危险"标示牌，标示牌应朝向围栏里面。

2）若室外配电装置的大部分设备停电，只有个别地点保留有带点设备而其他设备无触及带电导体的可能时，可以在带电设备四周装设全封闭围栏，围栏上悬挂适当数量的"止步，高压危险"标示牌，标示牌应朝向围栏外面。

3）在室外构架上工作，应在工作地点邻近带电部分的横梁上，悬挂"止步，高压危险"标示牌。

（5）"禁止合闸，有人工作"标示牌：在一经合闸即可送电到工作地点的断路器和隔离开关的操作把手上，均应挂"禁止合闸，有人工作"标示牌。

（6）"禁止合闸，线路有人工作"标示牌：如果是线路上工作，在一经合闸即可送电到工作地点的断路器和隔离开关的操作把手上，均应挂"禁止合闸，线路有人工作"标示牌。

（7）"禁止分闸"标示牌：对由于设备原因，接地隔离开关闸与检修设备之间连有断路器，在接地隔离开关闸和断路器合上后，在断路器操作把手上，应挂"禁止分闸"标示牌。

（8）"禁止攀登，高压危险！"标示牌：在室外构架上工作时，在邻近其他可能误登的带电构架（爬梯）上，应悬挂"禁止攀登，高压危险"标示牌。

# 任务三　工作许可及过程

## 》【任务描述】

本任务主要讲解工作许可及工作过程中的工作票延期、人员变动、工作间断与转移、工作内容增加、工作接地线管理等内容，了解工作许可及过程中的细节要求，掌握工作许可及过程中的注意事项等。

## 》【知识要点】

（1）工作许可是工作许可人和工作负责人交代设备的状态及安措布置情况。

（2）工作过程中的细节要求是保障安全工作的关键。

## 》【技能要领】

### 一、工作许可

（1）工作负责人和工作许可人共同到施工（检修）现场，由工作许可人详细交代现场安全措施，指明具体设备的实际隔离措施，证明检修设备确无电压，工作负责人每确认一项后，工作许可人在工作票对应项后打"√"（复写方式下），每个序号只打一个"√"。

（2）安全措施栏的补充工作地点保留带电部分和安全措施中所有项目

经双方确认无误后，工作负责人和工作许可人在工作票上签名，并由工作许可人填写许可工作的时间，到此许可手续完成。

（3）工作许可人将工作负责人联交给工作负责人，保存在工作现场。值班员联由值班员收执，并将许可时间记入 PMS〔设备（资产）运维精益管理系统〕中。

## 二、工作过程

### （一）工作票延期

（1）工作任务因故确实不能在批准期限内完成时，工作负责人应向运维值班负责人申请办理工作票延期手续，工作票延期一般应符合下列全部条件：

1）必须在调度规程规定的期限内办理申请手续。

2）属调度管辖（许可）设备应向调度申请并得到批准。如延长的工作时间未超过停役申请批准时间，仅征得运维值班负责人（或工作许可人）同意即可。

3）只允许延期一次。

（2）经调度批准或值班员同意后，由工作许可人（或值班负责人）填上调度批准延长的时间，并与工作负责人双方签名及签名的时间。无人值班站工作票延期，如检修设备安全措施无变动，工作负责人可以用录音电话向运维站当值人员办理延期手续。

（3）如果需要再次办理工作票延期手续，应将原工作票结束，重新办理新的工作票。

### （二）人员变动

（1）工作负责人若需要长时间离开现场，由工作票签发人将变动情况分别通知原工作负责人、新工作负责人和值班负责人（或工作许可人），工作人员暂停工作。工作负责人完成交接工作后，由工作票签发人在工作票上填写新、旧工作负责人姓名和变动时间，并与工作许可人双方签名，由新工作负责人宣布继续工作。若工作票签发人不在现场，则由新的工作负责人代替工作票签发人填写变动时间及签名。值班负责人（或工作许可人）应确认新工作负责人的资格。

（2）工作人员变动，由工作负责人在工作负责人联的"工作人员变动情况"栏内填写变动人员姓名、变动时间并签名，无需通过运维值班员。但工作负责人应对新进工作人员进行安全交底，并在工作票"工作人员签名"处签名确认。

**（三）工作间断与转移**

（1）当天内的工作间断时，工作班全体人员应从现场撤出，所有安全措施保持不变，由工作负责人收执工作负责人联。间断后继续工作无需通过工作许可人办理开工许可手续。

（2）多日工作时按下列原则执行：

1）每天收工，应清扫工作地点，开放已封闭的通道，工作负责人将工作负责人联交回运维值班员（无人值班站交回控制室或门卫值班室），在工作票"每日开工和收工时间"栏内填写收工时间，并与运维值班员双方签名；无人值班站收工时，工作负责人用录音电话告知运维站值班人员，双方在各自的工作票上记录工作票交回时间并签名，"工作许可人"栏和"工作负责人"栏可电话互相代签。工作许可人在工作票收回时，值班人员在值班日志上做好收回记录。

2）次日复工，工作负责人在征得工作许可人的许可后，取回工作票，工作负责人确认安全措施符合工作票的要求后，由运维值班员填写开工时间并双方签名。工作负责人取回工作负责人联，并向工作人员交代现场安全措施后，方可宣布开工；无人值班站次日复工时，如检修设备安全措施无变动，工作负责人可以电话形式向运维站当值人员办理复工签名手续（与收工相同）；如检修设备安全措施有变动，变电运维站必须派许可人员到现场重新履行许可手续。

（3）无论当日工作间断或多日工作间断后开工，若无工作负责人或专责监护人带领，工作人员不得进入工作地点。

**（四）工作内容增加**

（1）在原工作票的停电范围内增加工作任务时，由工作负责人在征得工作票签发人同意后向运维值班员提出，征得运维值班负责人（或工作许可人）同意，在工作票中手工填入增加的工作任务，并注明"增补：……"字样。

（2）通过调度逐一许可的工作，如增加工作任务，应同时征得调度同意。如调度采用操作许可制许可工作，只要不改变相关设备状态，仅征得运维值班负责人（或工作许可人）同意即可。

（3）需变更或增设安全措施时应填用新的工作票，并重新履行工作许可手续。

**（五）工作接地线管理**

（1）在变电站内工作时，不得将外来接地线带入站内。

（2）检修人员因工作需要加装的接地线，由工作负责人向当值运维人员提出申请，经同意，并履行借用手续后方可实施。

≫ **【典型案例】　工程外包单位油漆工误入带电间隔造成 220kV 母线停电和人员灼伤**

1. 案例描述

2011 年 3 月 8 日上午，工作许可后，工作负责人对两名油漆工［系外包单位××电气安装公司（民营企业）雇佣的油漆工］进行有关安全措施交底并在履行相关手续后，开始油漆工作。

13 时 30 分左右，完成了甲乙 2230 正母隔离开关油漆工作后，工作监护人朱××发现甲乙 2230 隔离开关垂直拉杆拐臂处油漆未到位，要求油漆工负责人汪××在丙丁 2377 间隔工作完成后对甲乙 2230 隔离开关垂直拉杆拐臂处进行补漆。下午 14 时，工作监护人朱××因要商量第二天的工作，通知油漆工负责人汪××暂停工作，然后离开作业现场。而油漆工负责人汪××、油漆工毛××为赶进度，未执行暂停工作命令，擅自进行油漆工作，并跑错间隔，在攀爬与甲乙 2230 相邻的甲丁 2229 间隔的正母隔离开关过程中，甲丁 2229 正母隔离开关 A 相对油漆工毛××放电，导致毛××从约 3m 处跌落。

14 时 05 分，220kV 母差保护动作，跳开 220kV 副母线上开关，造成

3个110kV变电所失电。××电业局地调调度员正确、迅速处理事故，14时28分恢复送电。

2. 原因分析

（1）油漆工毛××安全意识淡薄，不遵守现场作业的安全规程和规定，不听从工作监护人命令，擅自工作，误入带电间隔，是发生本起事故的主要原因。

（2）工作监护人朱××监护工作不到位，在油漆工作未全部完成的情况下，去做其他与监护工作无关的事情，将两个油漆工滞留在带电设备的现场，造成失去监护，是发生本起事故的直接原因。

（3）油漆工人员工作不认真、不仔细，造成油漆返工；油漆工负责人汪××，在现场未制止毛××在失去监护的情况下进行工作，未尽到安全管理职责，是发生本起事故的重要原因。

（4）施工单位对作业人员安全教育不全面、不到位，现场管理不严格，是导致本起事故发生的另一重要原因。

3. 防控措施

（1）进一步加强对外包队伍的资质审查，特别要加强对外包队伍作业负责人的能力审查；严把民工、外包工、临时工作业人员进场的"准入关"。同时要加强作业现场对民工、外包工、临时工的安全管理与安全监督。

（2）加强对外包作业人员安全意识教育，特别是对在带电设备附近、高处作业、起重作业等高风险作业场所的民工、外包工、临时工作业人员，要认真进行安全教育，经严格考试合格后，方能参加相关作业，以进一步提高该类作业人员的自我保护意识和自我保护能力。

（3）加强对外包队伍的监督与管理，特别是作业过程中要加强对民工、外包工、临时工作业人员的监督、指导，确保工作全过程必须在有效监护下进行；防止该类作业人员在失去监护的情况下进入或滞留在危险作业场所。

（4）各级运行人员要严格执行"两票三制"和"六要八步"操作规范，

防止各类误操作事故的发生。

（5）要结合现场实际，认真分析可能导致危险的因素，各个生产班组要做到每个工作日对每项工作和每个作业点进行危险点分析和危险源预控，认真履行作业人员的确认手续，切实做到交任务、交安全，确保作业现场各项安全措施到位，防止发生行为性违章。

（6）加大对作业现场的反违章稽查力度，发现违章现象必须立即纠正。对发现一时不能整改而又危及人身或设备安全的问题，必须立即停止作业，待完成整改后方可开始继续进行作业。

# 任务四　工　作　终　结

## 》【任务描述】

本任务主要讲解工作验收终结及工作票票面的终结，通过案例分析，了解工作终结中相关流程及注意事项，掌握工作终结的关键环节等。

## 》【知识要点】

（1）工作终结是指全部工作结束，工作负责人做好工作记录，经验收合格后并双方签名。

（2）工作票终结是指工作票上的临时遮拦已拆除，标示牌已取下，已恢复常设遮栏，未拆除的接地线、未拉开的接地隔离开关闸（装置）等设备运行方式已汇报调控人员。

（3）在设备验收前必须确认设备已恢复到许可时状态，方可进入验收程序，设备验收后任何人不得改变设备状态。

## 》【技能要领】

### 一、工作终结

（1）工作完毕，由工作负责人全面检查无问题，现场清扫、整理完毕，

61

人员从设备和构架上撤离，然后向运维值班负责人（工作许可人）讲清所检修的项目，发现的问题，试验的结果和存在的问题，做好相应的记录，并与值班员到现场共同检查设备状况，有无遗留物件，是否清洁以及设备状态、接地线位置与许可时的初始状态相符。设备验收后任何人不得改变设备状态。

（2）工作结束时，工作负责人应将工作地点保留带电部位和注意事项栏中自行增设的安全措施拆除情况向许可人交代并现场检查，双方应确认无误。

（3）经双方确认无误后，然后在工作票上填写工作终结时间，经双方签名，宣告工作结束。

（4）运维值班员在工作负责人联指定位置盖"已执行"章，并将该联交工作负责人。

### 二、工作票终结

（1）工作终结后，由运维值班员做好工作票记录。

（2）运维值班员向调度汇报工作结束情况，并填写相关栏目。

1）由运维值班员拆除现场装设的安全围栏、标示牌，恢复常设的安全围栏。当值值班负责人在"保留接地线编号____等共____组、接地隔离开关（小车）共____副（台）未拆除或拉开"栏内填入相应的内容，并向调度汇报后，填写调度员姓名、汇报时间并签名。

2）若调度一次许可工作包含多份工作票时，则在最后一份工作票结束时，向值班调度员汇报后，分别填写调度员姓名、汇报时间并签名。

3）由运维值班员拆除现场装设的安全围栏、标示牌，并恢复常设的安全围栏。

4）运维值班员在值班员联指定位置盖"已执行"章。

≫ 【典型案例】 变电站第一种工作票终结时未仔细核对设备状态，造成带接地刀闸合隔离开关

1. 案例描述

2006年7月10日，220kV甲乙变电站运行人员执行"110kV旁路断路

器由冷备用改正母对旁母充电"操作任务时，发生 110kV 母线短路事故。

7 月 10 日为配合 110kV 丙丁变电站二期扩建进行 110kV 放线，甲乙变电站侧丙丁 1173 线正母隔离开关与正母线搭接；甲乙变电站 110kV 正、副母线、旁路母线在全停状态。考虑到 220kV 甲乙变电站由 1979 年投产运行，设备老旧，多年来已数次发现隔离开关的绝缘子断裂，且受周边环境影响，设备积污严重。为了保障迎峰度夏期间设备的正常运行，利用本次停电机会，一并进行消缺、检修工作。

15：50 工作结束，进行验收、操作。20：55 220kV 甲乙变电站运行人员执行 "110kV 旁路断路器由冷备用改正母对旁母充电"操作任务，当操作到 "合上 110kV 旁路正母隔离开关"时，产生短路飞弧；光字牌等信号反映：110kV 母差、1 号主变压器重瓦斯保护动作，跳开丙丁 1173 线、甲之 1176 线、110kV 母联、2 号主变压器 110kV 断路器 1 号主变压器三侧开关，110kV 正副母线失压。

检查 110kV 母差、1 号主变压器重瓦斯保护范围设备，发现 110kV 旁路断路器母线侧接地隔离开关动触头烧毁，接地刀闸静触头溶化，隔离开关靠断路器侧（带接地刀闸侧）绝缘子上部分釉面泛白，有过热现象，隔离开关靠母线侧触头有被烧灼痕迹；110kV 旁路正母隔离开关主触头烧毁；1 号主变压器压力释放阀动作，主变压器本体重瓦斯动作；事故损失有功 1.1 万 kW，损失电量 6000kWh。

22：24 2 号主变压器由副母热备用改为正母运行、丙丁 1173 恢复运行、35kV 系统恢复运行。

2. 原因分析

（1）运行人员在设备验收时未发现 110kV 旁路断路器母线侧接地刀闸在合上位置，是造成带接地刀闸合隔离开关事故的主要原因。

（2）运行人员安全意识淡薄，工作责任心不强，违反变电倒闸操作 "六要七禁八步一流程"的规定。在倒闸操作过程中未仔细核对设备状态，是造成带接地刀闸合隔离开关的重要原因。

3. 防控措施

（1）进一步加强对运行人员工作责任心和安全意识教育，严格执行

《国家电网公司电力安全工作规程（变电部分）》。

（2）运行人员在设备验收时应严格遵守有关规章制度，双方必须在设备验收前确认设备已恢复到许可时状态，方可进入验收程序，设备验收后任何人不得改变设备状态。

（3）继续加强对运行人员的安全意识、工作责任心及业务技能培训，培养严、细、实的工作作风，各项规章制度必须执行到位。

（4）在公司系统范围内进行一次运行工作的风险教育，认真开展防误操作大讨论，组织运行人员认真学习事故通报，制定防范措施，使每一个运行人员懂得如何进行现场作业的危险点分析和预控措施的实施，坚决杜绝人员责任性事故的发生。

（5）相关管理部门今后在安排检修工作时，必须进行周密考虑，合理安排工期，保证作业现场有充裕的验收、操作及检修时间。

项目四

# 一次设备验收及典型异常分析

>> 【项目描述】

　　本项目主要讲解一次设备的关键点验收及一次设备的典型异常分析。由于一次设备种类及结构类型较多，因篇幅等原因限制，本项目仅对断路器、隔离开关、变压器、互感器、GIS（气体绝缘封闭组合电器）中某些关键或易被忽视的验收内容进行讲解。本项目有六个任务，前五个任务按照设备类型来讲解，第六个任务是对五种设备常见的典型异常进行分析。

　　在本项目讲解中，如果某一个任务中的知识点在其他任务中已有涉及则不再讲解。例如：敞开式断路器的机构箱或汇控柜、GIS 的控制柜、变压器的控制柜中都有时间继电器，时间继电器的验收在任务一的断路器关键点验收中进行讲解，其他设备均可引用而不再讲解。

# 任务一　断路器关键点验收

>> 【任务描述】

　　本任务主要讲解液压机构断路器、液压碟簧断路器、弹簧机构断路器等内容。通过结构介绍、图解示意、案例分析等，了解设备动作原理；熟悉设备结构；掌握设备的验收方法。

>> 【知识要点】

　　（1）断路器使用的时间继电器，必须检查时间继电器的功能正确和时间设置与运行要求、设计图纸相符。另外，要求二次回路端子连接紧固，分、合闸线圈端子压接紧固。

　　（2）弹簧储能机构各紧固螺栓是否紧固，储能电机电刷完好。ABB 公司 HMB 型液压碟簧储能机构的防慢分锁紧插销是否插进。

　　（3）液压机构查看泄压阀是否关闭紧密，锁紧螺栓是否紧固，液压油位标示划线，抄录断路器各种数据。

>> 【技能要领】

1. 时间继电器功能及时间设定

断路器各时间继电器主要实现三相不一致保护、弹簧储能超时报警、液压系统储能超时报警、液压系统漏氮报警及延时闭锁等方面用途。

因断路器生产厂家的不同，采用的时间继电器型号差异较大。时间继电器根据功能大致分为两种类型，一是功能及时间均可设定；二是功能不能设定（仅一种功能），时间可设定。

功能及时间均可设定类型的继电器的面板上均由指示灯模块、功能设定模块、时间范围设定模块、时间设定模块组成。三种常用时间继电器类型如图 4-1 所示。

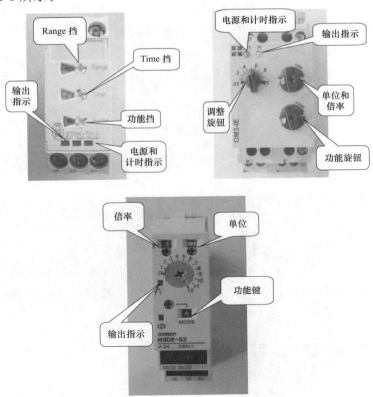

图 4-1　三种常用时间继电器

功能不能设定、时间可设定类型的时间继电器功能分为两种：动作延时型（ON DELAY）、返回延时型（OFF DELAY）。面板上由液晶显示器或指示灯模块和时间范围设定模块、时间设定模块组成。

断路器验收时先对照设计图纸或厂家说明书查看时间继电器的功能设定和时间设定。

一般原则除储能延时功能需要设定返回延时外，三相不一致保护、储能超时、漏氮闭锁功能均是动作延时型。时间设定核对可通过实际动作后监控后台上报信号或报文的时间差核对。

**2. 弹簧储能机构固定螺栓紧固情况检查**

弹簧机构在动作时震动较大，部分紧固螺栓较容易松动，应对弹簧机构中储能机械系统、传动系统等重要螺栓固定部位进行重点检查。

检查螺栓是否松动的方法有两种：一是查看螺栓紧固标线是否移位；二是螺栓紧固防松垫片（弹簧垫片）与螺母间是否有间隙，弹簧垫片是否被均匀压平无弹起。

重要检查部位：分合闸指示牌连杆相关固定螺栓、分合闸线圈固定螺栓、分合闸挚子或半月板相关固定螺栓、合闸弹簧储能限位开关固定螺栓。弹簧储能机构固定螺栓检查位置如图 4-2 所示，弹簧储能机构储能限位开关固定螺栓脱落及弹簧储能机构传动杆固定螺栓松动画线移位示例分别如图 4-3 和图 4-4 所示。

图 4-2 弹簧储能机构固定螺栓检查位置　图 4-3 弹簧储能机构储能限位开关固定螺栓脱落

3. 断路器远方试分合闸试验

在检修、试验等工作结束后，应在监控后台上远方遥控试分合断路器，验证断路器的电气控制回路、分合闸回路的可靠性、完好性。

具体方法为：检查计数器动作是否正常，现场分合闸指示是否与监控后台、保护、监控信息一致，查看监控后台是否有其他报警信号，储能时间是否符合厂家规定。采用液压机构和液压碟簧机构的操作完毕后，检查油压和油位是否正常。

图 4-4 弹簧储能机构传动杆固定螺栓松动画线移位

4. 液压机构和液压碟簧机构泄压阀是否关闭紧密

断路器液压机构中，在检修时需要泄压阀对液压系统中的高压油路进行泄压，将油压降至零压。

现在国内主流液压机构厂家较多，泄压阀位置和结构也不尽相同。本书中仅对西门子公司液压机构、ABB 公司液压碟簧机构、平高公司液压机构厂家讲解。图 4-5 和图 4-6 分别为平高公司液压机构泄压阀位置和 ABB 公司液压碟簧机构泄压阀位置示意图。

西门子、平高公司的操作机构的泄压阀螺栓或顶针泄压方式大体相同，均是采用螺栓杆右旋（顺时针）顶针（螺栓）进入，顶开阀芯泄压。

验收时，用手将顶针或螺栓右旋或顺时针方向无法旋动，再反向旋转 2～3 圈后，将锁紧螺母紧固，直至顶针或螺栓无法再旋动。

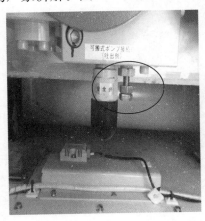

图 4-5 液压机构泄压阀位置

ABB 公司液压碟簧机构的泄压阀为

手动扳手式，扳手向上抬起垂直为正常无泄压状态，当扳手向下搬动为泄压状态。验收时，扳手应处于垂直状态，且扳手不会自由向下转动。

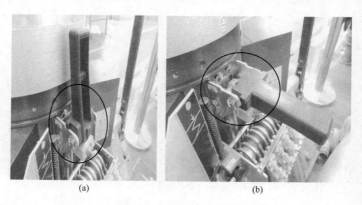

图 4-6　液压碟簧机构泄压阀位置
（a）正常位置；（b）泄压位置

5. ABB公司HMB型液压碟簧机构的防慢分锁紧插销是否插进

ABB公司的HMB液压碟簧机构装有防失压慢分装置。在厂内操作机构调试时，闭锁插销是处于拔出状态的；当设备安装结束后，操作机构装配完毕时，闭锁插销应水平插入。验收时，应检查闭锁插销的位置是否处于水平插入且闭锁插销将闭锁连杆锁固，如图4-7所示。

（a）　　　　　　　　　　（b）

图 4-7　液压碟簧机构的防慢分锁紧插销位置
（a）运行位置；（b）调试位置

6. 各种数据记录及标示液压油位画线

油泵打压计数器数值记录是机构检修后的初值便于日后运维巡视抄录数据的横向和纵向对比分析，印证断路器液压机构高压油系统的密封保压性能，有效掌握设备运行状态，及时制定运维检修策略。

分合闸计数器数值的抄录是记录和评价断路器性能的重要数据，直接反映机构和触头的性能状况；同时也是制定运维检修策略的重要支撑依据。

液压系统的油位刻度画线是检修后液压系统油位的初值，它的变化直接反映液压系统是否有渗漏和液压储能筒内储能气体是否有渗漏。液压油位画线标示如图 4-8 所示。

图 4-8  液压油位画线标示

当断路器检修或安装结束后，应详细抄录断路器的油泵打压计数器数值、分合闸计数数值，同时标示液压系统油位刻度画线。

7. 弹簧机构或液压碟簧机构的储能电机电刷状态检查

ABB 公司弹簧机构和液压碟簧机构的储能电机普遍使用碳刷的交流电机。碳刷损坏、接触不良等异常时将导致储能电机无法正常工作，最终造成断路器合闸、分闸存储能量不足，严重影响断路器的正常工作。

在验收时应检查碳刷端子接触完好，碳刷完好无断裂松动，压紧弹簧片应压紧牢固。检查时应用手轻扳压紧弹簧片和连接端子。使用前后的碳刷对比如图 4-9 所示。

8. 汇控箱、机构箱端子接线情况检查

汇控箱、机构箱的端子排各接线端子必须牢固，无松脱、虚接情况。特别是对于断路器的分合闸线圈连接线采用压接端子接线方式进行重点检查。分合闸线圈虚接、断线将导致断路器无法正常分合闸，严重威胁电网运行可靠性。

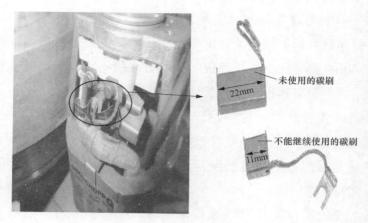

图 4-9　储能电机碳刷

验收时应检查分合闸线圈导线压接端子压接是否紧固。图 4-10 显示分合闸线圈压接端子脱落。

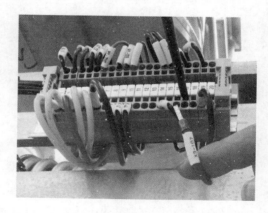

图 4-10　分、合闸线圈压接端子

检查方法为：用手试拉分合闸线圈导线；同时查看监控后台有无"控制回路断线"报警信号。

≫【典型案例】　三相不一致时间继电器功能设定错误导致的断路器误跳闸事件

1. 案例描述

某 500kV 变电站 2013 年 9 月 17 日 13 时 25 分，220kV AB 线 A 相跳

闸 10ms 后 B、C 相跳闸，监控后台显示断路器三相分闸，"光纤差动保护动作""A 相跳闸""三相不一致保护动作""重合闸闭锁"光字牌亮，调阅故障录波器录波图形确认为线路 23.4km 处 A 相瞬时故障，重合闸闭锁。

2. 原因分析

经专业技术人员现场检查及调取故障录波图形后分析，发现第二组三相不一致时间继电器时间设置正确，但功能设定错误，使继电器瞬时励磁后延时 2.5s 失磁，造成线路 A 相瞬时接地短路故障后线路保护动作 A 相断路器分闸，第二组三相不一致保护动作将 B、C 相断路器分闸，并重合闸被闭锁。

三相不一致时间继电器型号为 ETR4-70-A，功能设置为 12（应设 11），时间设置为 2.5s。三相不一致时间继电器的动作原理为：三相不一致回路启动后，时间继电器应延时 2.5s 励磁。

3. 防控措施

加强断路器检修后的运维验收工作。查阅说明书、调控中心的下发的继电保护整定书，核对整定定值及继电器上功能整定。

# 任务二　隔离开关关键点验收

## ≫【任务描述】

本任务主要讲解隔离开关、接地隔离开关等关键验收内容。通过图解示意、案例分析等，了解设备动作原理，熟悉设备结构，掌握设备的验收方法。

## ≫【知识要点】

（1）定位螺钉调整可靠，确保拐臂超过死点。限位开关在分、合闸极限位置能可靠切除电源。

（2）具有电动操动机构的隔离开关与其配用的接地隔离开关之间应有可靠的电气联锁。操动机构动作平稳，无卡阻。操动机构内应有分合位置指示，且指示与实际一致。

（3）机构箱内低压电气元件，动作可靠，触点接触良好。

## 》【技能要领】

### 1. 隔离开关试分合验证

隔离开关检修等工作后，应在监控后台等远方试分合 2~3 次，以验证电气回路各个环节是否正常，同时也可以验证现场设备的状态、信号是否与后台相对应一致。

验收时，至少需要 2 人检查确认：一人在远方操作，一人在现场检查核对设备。远方操作人应在操作前和操作后检查核对后台信号和状态，现场检查核对人应检查隔离开关动作状态，是否动作平稳，三相操动机构动作同期是否满足要求，并且需要仔细听操作电机运转是否有异响或其他杂音。

### 2. 隔离开关合闸到位检查

隔离开关试分合验收时，合闸到位检查原则为：应按机械位置三统一原则进行，即机构箱传动轴位置指示、隔离开关小连杆（下臂传动连杆）位置、动/静触头接触位置或拐臂死点位置均应一致。

验收方法为：机构箱传动轴位置指示牌与机构箱位置指示牌重合；隔离开关小连杆（下臂传动连杆）3 个转动轴中心成一条直线（合闸死点），中间转动轴中心点应过死点。

动、静触头接触位置或拐臂合闸死点位置检查方法为：水平伸缩式和垂直伸缩式隔离开关拐臂顶杆滚轮过顶点或滚进凹坑位置，如图 4-11 所示；水平翻转式隔离开关无拐臂结构需要检查动触头处于静触头内顶杆或顶针位置且垂直与水平成夹角 90°，可以用裸眼查看翻转弹簧状态的，需要查看翻转弹簧已处于翻转位置。水平伸缩式隔离开关合闸位置所对应的下拐臂位置如图 4-12 所示。

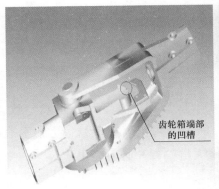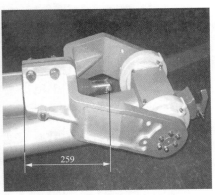

图 4-11　水平伸缩式隔离开关合闸位置所对应的拐臂滚轮位置

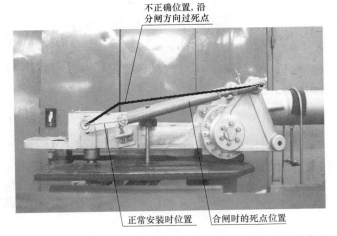

图 4-12　水平伸缩式隔离开关合闸位置所对应的下拐臂位置

### 3.手动操作闭锁电气控制回路检查

隔离开关检修时，检修人员需要手动对隔离开关进行分合闸试验检查。验收时，需要对手动闭锁装置（电磁锁、行程开关、转动把手、切换开关等）进行检查。

验收方法：手动闭锁装置分别在闭锁和正常状态下就地操作隔离开关。不具备现场就地操作条件的，可断开交流控制电源和动力电源，测量隔离开关控制回路导通情况；或通过外接交流电源的方式进行手动闭锁装置的试验，试验前需做好相应安全措施。

#### 4. 热保护继电器复归

现场验收时，还需要查看操作电机动力电源回路的热保护继电器状态。热保护继电器具有自动复归功能和手动复归功能。

验收方法：按下热保护继电器复位按钮或 Reset 按钮。

验收时，需对照运行规程或厂家要求检查功能整定是否正确一致，动作电流设定值应按电机额定电流的 95％～105％范围整定。远方试分合时，如果热保护继电器频繁动作应通知检修人员检查，必要时更换。

#### 5. 隔离开关状态横向和纵向对比检查

因厂家不同隔离开关的机械结构和动作原理存在差异，同厂家、同型号的隔离开关还会因产品升级存在结构差异，给运维验收带来较大困难。遇到此情况时，验收可采用纵向和横向对比方式进行状态和外观验收。

纵向对比是指根据此设备前期的运维各种历史记录、检修记录、检修履历、状态评价等历史前期综合信息对隔离开关进行对比，以发现隔离开关的各种异常情况。

横向对比是指通过对本站同类型、同厂家、同时间或相近时间投运安装的隔离开关之间对比，以发现各隔离开关之间的差别和异常。此种方法不仅适用于隔离开关同样适用于其他一次变电设备的验收和检查。

#### ≫ 【典型案例】 接地隔离开关引弧触指未合闸到位引起的隔离开关故障

#### 1. 案例描述

某 500kV 变电站 2016 年 5 月 17 日，在操作 500kV 甲乙线由运行改检修时，在操作 500kV 甲乙线接地隔离开关时，接地隔离开关静触头止位块燃烧。

#### 2. 原因分析

经检修人员现场详细检查发现 500kV 甲乙线接地隔离开关引弧触指合闸时未操作到位，引弧触指未先于接地隔离开关主刀合闸前与接地隔离开关静触头引弧棒接触，因线路感应电压过大，在接地隔离开关主刀未插进静触头前，止位块的橡胶套击穿放电引起燃烧。

#### 3. 防控措施

加强对接地隔离开关的检修质量的管控，隔离开关合闸时应重点检查合闸到位情况和超 B 类接地隔离开关引弧机构操作到位情况。

# 任务三　气体全绝缘封闭组合电器关键点验收

## 》【任务描述】

本任务主要讲解气体全绝缘封闭组合电器关键验收内容。通过结构介绍、图解示意、案例分析等，了解设备动作原理，熟悉设备结构，掌握设备的验收方法。

## 》【知识要点】

（1）检查各种充气、充油管路，阀门及各连接部件的密封是否良好；阀门的开闭位置是否正确。电流互感器二次集线盒密封良好、二次接线端子应紧固，无松股、断股和短路现象。

（2）断路器和隔离开关远方就地分别进行分、合闸各传动 3 次正常。检查断路器、隔离开关及接地开关分、合闸指示器的指示是否正确。监控信号回路正确，传动良好。

（3）外壳应可靠接地。凡不属于主回路或辅助回路的且需要接地的所有金属部分都应接地。外壳、构架等的相互电气连接应用紧固连接（如螺栓连接或焊接），以保证电气上连通。温度平衡型波纹管一侧的固定螺栓应按要求松开。

## 》【技能要领】

1. 密度计阀门位置检查

GIS 设备密度计阀门或管路总阀门一般分为球阀和调节阀两种。

球阀开闭位置（旋转把手）固定，容易分辨阀门所处状态，阀芯开和关成一定角度且每个位置均有机械限位，把手转动方向一定。密度计阀门（球阀）如图 4-13 所示。

调节阀开闭位置（旋转把手）不固定，不容易分辨阀门所处状态，把手从完全打开到完全关闭，把手需要旋转几圈才能达到打开和关闭位置。

验收时，球阀应检查所处位置并将定位销钉或螺钉紧固；调节阀检查必须用手试着旋转，右旋关闭，左旋打开，把手必须完全旋转到无法旋转。

**2. 电流互感器二次接线盒封盖完好**

电流互感器二次接线盒封盖在验收时应检查紧固螺栓是否齐全无缺失，检查紧固螺栓是否紧固到位没有间隙，有密封垫圈等密封件的应查看密封件在紧固螺栓位置处压缩量是否一致，有无压缩量较大或无压缩量。电流互感器二次接线盒如图 4-14 所示。

图 4-13　密度计阀门（球阀）　　　图 4-14　电流互感器二次接线盒螺栓缺失

**3. SF₆ 取样接口封闭密封情况检查**

GIS设备检修中气室微水试验是必不可少的，SF₆取样接口（见图 4-15）若封闭密封不良会导致微水试验结果不合格或误差较大，给例行试验带来较大影响；同时在带电补气时易将接口处的水汽带入设备，对设备的安全运行带来威胁和隐患。SF₆取样接口如图 4-12 所示。

验收时，先检查封盖是否盖实，是否变形或损坏，封盖内部的密封圈是否齐全完好。封盖拧紧检查需要用手检查，右旋至无法再拧紧即可。

**4. 接地隔离开关接地排固定螺栓检查**

接地隔离开关接地排（见图 4-16）是 GIS 设备重要的工作接地，可以防止 GIS 接地隔离开关绝缘拉杆和盆式绝缘子击穿闪络，避免造成设备故障。接地排（见图 4-13）是接地隔离开关接地的唯一路径。

图 4-15　SF₆ 取样接口

图 4-16　接地隔离开关接地排

GIS 设备在停电检修进行断路器相关试验工作时，接地隔离开关接地连接排或连接片需要拆下或脱离接地，在工作结束时需要检查接地隔离开关接地是否恢复，紧固螺栓是否按相关要求紧固到位，检查是否存在漏装、错装、紧固不到位情况。

5. 三工位隔离开关位置指示检查

三工位隔离开关操作位置检查时，应确认现场分合指示、汇控柜与监控后台位置相对应。

传动连杆上已装设位置指示的应检查位置与监控后台指示位置相对应。无法安装位置指示的旋转型传动轴型三工位操作机构，检查时可采用试验手动操作挡板验证操作机构是否到位的方式检查三工位隔离开关是否操作到位。

具体验收方法为：打开操作过的三工位隔离开关手动操作挡板，若挡板可打开说明操作过的三工位隔离开关已操作到位，各电气闭锁或电磁闭锁正常，再检查机构输出连杆无异常，可确认三工位隔离开关操作到位。相反，则需要通知检修人员进行详细检查。三工位隔离开关不到位指示如图 4-17 所示，正常到位指示如图 4-18 所示。

6. 伸缩节或波纹管固定螺栓检查

GIS 设备伸缩节或波纹管分为安装调整型（见图 4-19）、温度补偿型（见图 4-20）两大类。

安装调整型是在安装装配 GIS 设备时为了方便安装或调整安装误差，安装完毕时需将两侧螺栓紧固。

图 4-17　三工位隔离开关不到位指示　　图 4-18　三工位隔离开关到位指示

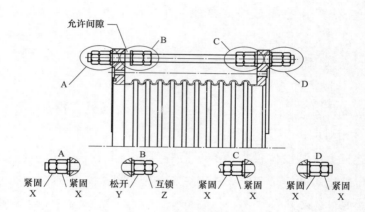

图 4-19　安装调整型

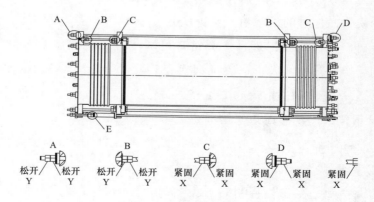

图 4-20　温度补偿型

温度补偿型是安装完毕充气后补偿筒体伸缩或补偿温度变化引起的筒体伸缩，需在安装完毕后松开部分或某几颗螺栓，如图 4-17 所示。

伸缩节或波纹管的运行状态直接影响 GIS 设备的运行可靠性，在昼夜温差较大时或伏天环境温度较高日照强度较大的地区，GIS 设备的伸缩节或波纹管必须保证处于正常的工作状态，不然将造成设备异常，会造成设备漏气，底座支架变形严重的将开裂，特殊时将造成 GIS 设备内部闪络击穿放电。

具体验收方法为：安装调整型检查两侧所有固定螺栓紧固。温度补偿型在起补偿作用的伸缩节两侧必须有一侧的一颗螺栓松开且松开程度需严格按照制造厂的要求执行。松开程度不够会造成伸缩节伸缩量不够造成热膨胀时部分部件会"吃力"，对盆式绝缘子局部造成应力集中。松开程度过大在冷收缩时会造成 GIS 内部导电杆插入深度不足引起导体发热。

7. 汇控柜分合闸指示灯状态检查

GIS 设备的断路器和隔离开关因封闭在绝缘气室内部，无法可见操作断口，在操作时需要借助辅助判断方法以确认断路器和隔离开关的分、合闸位置。

GIS 汇控柜内的操作位置指示灯是用于指示分合闸的电气位置，通过断路器机构和隔离开关的限位开关或位置开关来指示的，是反映分、合闸位置的电气接点打开和闭合情况的，是可以直接反映机构操作是否到位。汇控柜分、合指示、信号灯指示如图 4-21 所示。

验收时应通过远方分、合闸和就地分、合闸操作实际检验和检查汇控柜内位置指示灯好坏，指示灯损坏应及时修复。

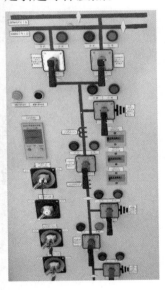

图 4-21 汇控柜分、合指示、信号灯

8. 隔离开关机构箱内是否有凝露、积水、锈蚀等情况

GIS 设备隔离开关机构箱的内部一般设计得较紧凑，在户外运行时还

要求一定防水等级。为达到一定的防水等级，户外运行的隔离开关机构箱一般采用全封闭箱体，只在手动操作孔位置设置箱门或便于拆卸的封盖。隔离开关机构箱进水或凝露对 GIS 设备影响严重，严重的可导致直流接地、无法操作等异常情况，且内部进水后较难修复。

验收时应对机构箱抽检进行水喷淋试验，试验后打开箱体查看进水情况，如有进水应采取针对性的措施。正常及受潮的隔离开关机构箱分别如图 4-22、图 4-23 所示。

图 4-22　隔离开关机构箱（正常）

图 4-23　隔离开关机构箱（受潮）

> 【典型案例】 GIS 波纹管验收检查不到位引起的设备异常事件，导致设备事故扩大停电范围

1. 案例描述

2017 年 3 月 12 日 13 时 25 分，某 500kV 变电站监控后台显示 220kV

"海燕间隔 13 号气室 SF$_6$ 压力低报警"。接到集中监控中心电话后，运维人员马上赶到现场进行检查，10min 后，监控后台发出"海燕间隔 13 号气室 SF$_6$ 压力低闭锁"光字牌，15min 后运维人员赶到现场，调控中心发令拉停 220kV 正副母线对异常设备进行隔离。

2. 原因分析

运维人员对现场详细检查发现靠近波纹管的一段母线底座焊接处有长约 35cm 的裂纹，裂纹贯通整个母线筒外壁，SF$_6$ 气体从裂纹处泄漏，通过专业人员现场详细检查和母线筒体材质及裂纹处综合分析，母线裂纹导致 SF$_6$ 气体泄漏的原因为波纹管的调整固定螺栓未按作业指导书要求对固定螺栓进行松动，导致母线伸缩量不足，母线向上拱起导致母线筒底座焊接处开裂 SF$_6$ 气体泄漏，SF$_6$ 气体泄漏初期由于裂纹较小，SF$_6$ 气体压力较大再加上 SF$_6$ 气体泄漏时气体对裂口的摩擦综合作用使得裂纹逐渐增大，SF$_6$ 气体泄漏速度变快，未等到运维人员到达后气室压力几经下降至低于闭锁值，导致断路器无法操作，扩大了设备异常影响范围。

3. 防范措施

运维人员应根据厂家作业指导书对波纹管的温度伸缩调整量、两端固定螺栓的紧固状态进行详细检查，在温度变化较大、高温和低温天气时加强巡视。

# 任务四  变压器关键点验收

## ⨠ 【任务描述】

本任务主要讲解油浸式变压器或电抗器关键验收内容。通过结构介绍、图解示意、案例分析等，了解设备动作原理，熟悉设备结构，掌握设备的验收方法。

## ⨠ 【知识要点】

(1) 变压器附件的检查验收：储油柜油位计反映真实油位，油位符合油温油位曲线要求，油位清晰可见，便于观察。气体继电器上的箭头标志应指向储油柜，无渗漏，无气体，芯体绑扎线应拆除，油位观察窗挡板应打开。现场温度计指示的温度、控制室温度显示装置或监控系统的温度应基本保持一致，误差不超过 5K。冷却器风扇安装牢固，运转平稳，转向正确，叶片无变形。潜油泵运转平稳，转向正确，油泵转动时应无异常噪声、振动。阀门操作灵活，开闭位置正确，阀门接合处无渗漏油现象。

（2）油套管垂直安装油位在 1/2 以上（非满油位）；倾斜 15°安装应高于 2/3 至满油位。套管末屏密封良好，接地可靠。

（3）分接开关本体指示、操作机构指示以及远方指示应一致；操作无卡涩、联锁、限位、连接校验正确，操作可靠；机械联动、电气联动的同步性能应符合制造厂要求，远方、就地及手动、电动均进行操作检查。

>> 【技能要领】

1. 变压器冷却器风扇及潜油泵试运行检查

变压器冷却器和潜油泵是变压器重要的散热部件，对变压器长期稳定可靠运行起着至关重要作用，也是运行时重要检查关注的地点之一。

变压器冷却器大体分为自冷式、风冷式、强迫油循环式、强迫导向油循环式四种类型。本任务主要讲述后三种类型的冷却器风扇及潜油泵试运行检查方法。

具体验收方法为：①对冷却器风扇和动力电源进行切换试验。②将冷却器控制方式改为手动后，将冷却器和潜油泵全部打开运行 30min，检查冷却器散热片是否有渗漏油，冷却器是否有异响，风扇电机和潜油泵电机是否有明显偏心震动情况；用红外线测温装置测量风扇电机和潜油泵电机温升是否一致，无明显发热情况；用红外线测温装置测量变压器冷却器控制箱和总控箱内的电机动力电源回路，是否存在明显发热情况。

2. 现场温度与后台温度核对检查

应在检修等工作结束后验收，检查现场主变压器油温、绕组温度与监控后台或监控系统中对应主变压器温度数值，相差不应大于 5K。绕组温度计显示数值不应小于油面温度计显示数值和当前实际环境温度。主变压器温度表如图4-24所示。

3. 套管末屏接地点检查

变压器套管末屏接地是变压器最重要的工作接地之一，变压器运行时此接地点应接触可靠良好，否则将对变压器产生很严重的影响，甚至可导致变压器套管爆炸。套管末屏通过拧紧螺纹盖可靠接地如图4-25所示。

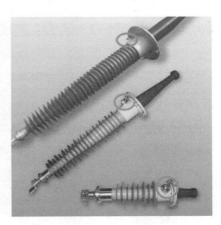

图4-24　主变压器温度表　　　　　图4-25　套管末屏

验收检查时应检查套管末屏接地固定螺栓是否紧固，接地极内部无锈蚀或渗漏油情况，无明显放电痕迹，密封圈良好密封无进水。

4. 气体继电器检查及信号复归

气体继电器在校验复装后，必须将气体继电器内部的气体排空，否则"轻瓦斯动作"信号接点一直接通，无法检验变压器非电量保护。某些情况下气体继电器的可视窗口较模糊或气体较少时较难看清内部是否有气体。验收检查时，需要通过对瓦斯气体取气盒排油取气进行查看气体继电器内部是否有残留气体。

具体方法为：打开取气盒下部排油阀门和进油阀门进行排油3~5min，在取气盒窗口观察无气体进入说明气体继电器内部的气体已经排空。气体继电器如图4-26所示。

### 5. 油浸风冷型冷却器风扇启动检查

油浸风冷型冷却器风扇的启动条件为：温度或电流达到设定值时，启动相应设置的一组或几组冷却器风扇运行。

温度启动方式的验收方法为：需要检修专业人员配合，拨动温度计指针到相应设定值时，查看主变冷却器风扇启动数量或组别是否与运行规程的规定一致。

### 6. 变压器各阀门、分接开关位置检查

变压器在停电检修等工作结束时必须检查各阀门位置是否符合现场运行规程要求或制造厂家要求，重点应检查散热片阀门、气体继电器等非电量保护装置阀门、油枕旁路阀门和呼吸器阀门。除油枕旁路阀门应关闭外其余阀门均应处于打开位置。

变压器在进行停电检修时，电气试验人员需要电动或手动调节变压器分接开关挡位测量变压器线圈直流电阻，工作结束时运维人员必须现场核对检查分接开关的位置是否与工作前一致。变压器分接开关机构箱如图 4-27 所示。

图 4-26　气体继电器　　　　图 4-27　变压器分接开关机构箱

验收方法为：采用三核对法，即分接开关本体指示位置、机构箱位置指示位置、监控后台或有载分接开关控制屏位置指示三者对应统一，并同工作前一致。

### 7. 本体及有载油位检查、数据抄录

变压器油位记录是运维巡视中重要的数据记录。

大型变压器均采用油位计（间接）指示方式（见图 4-28），常规检修时

一般不会打开油枕检查实际油位。当表
计功能失灵或连杆卡死等情况出现时，
会造成表计指示与油枕实际油位不符合
或不一致的情况。因某种情况发生实际
油位很低时，会出现油位低导致油枕内
部胶囊破裂的情况，此时因油位表计失
灵无法表示实际油位，造成变压器带严
重缺陷运行至下一个检修周期或变压器
出现其他异常时才会发现。

图 4-28　变压器油位计

　　验收时应检查油枕内的实际油位，实际油位符合变压器油温油位曲线，
保证变压器油的劣化速度保持在正常水平。

　　8. 变压器油色谱在线监测装置管路阀门位置检查

　　变压器油色谱在线监测装置是在线实时检测变压器中油的特征气体含
量的有效带电监测装置，在变压器上已普遍应用。

　　在变压器停电检修等工作时，需要对在线监测装置进行维护和校验工
作，此时变压器连通在线监测装置的阀门会被关闭，避免误操作引起标准
气体充入变压器的情况发生。

　　在验收时，需要检查在线监测装置连通变压器的阀门是否打开，阀门
共有进油口阀门和出油口阀门 2 只阀门。

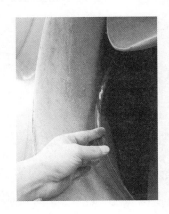

图 4-29　风扇电机电缆损伤

　　9. 强油型冷却器风扇电机电缆绑扎情况检查

　　强油变压器冷却器均采用毛细管型整体散
热器，为保证散热效果，散热器外罩采用整体
包裹以保证唯一的通风通道（风扇扇叶）。其电
动机电缆大部分均沿散热器外罩内部走向，固
定在散热器外罩上。变压器运行时的振动和绑
扎材料的老化，会导致电缆会松动，易卷进风
扇扇叶，被电机风扇打坏或损伤。风扇电机电
缆损伤如图 4-29 所示。

验收时，运维人员需汇同检修人员一同对电缆绑扎固定情况进行检查，绑扎固定应可靠、牢固，防止绑扎线脱落，风扇叶片损伤电缆。

》【典型案例】 主变压器验收执行不到位引起的主变压器故障跳闸事件

1. 案例描述

某 500kV 变电站内，2015 年 7 月 10 日运维人员巡视时发现主变压器本体油箱侧壁边沿上有油滴，平均 10min 左右一滴，具体渗漏油部位无法判断，主变压器各油位均正常，运维人员上报一般缺陷等待检修时消缺。7 日后 21：18 分现场发生巨响，主变压器跳闸，现场发现主变压器高压套管炸裂，主变压器着火，30min 后消防队赶到现场，火势减弱，50min 后明火被扑灭。

2. 原因分析

通过详细调查发现，主变压器高压套管末屏接地处用于接地和密封的封盖未安装，引起末端接地处绝缘件击穿、发热、老化导致高压套管末屏接地处漏油，现场近几日雷阵雨较频繁，水汽从末屏接地处进入主变压器高压套管内部，引起不均匀场强形成局部放电，加上 500kV 线路近区雷击引起的过电压，在主变压器高压套管内部的局部放电点之间形成放电通道，造成套管内部闪络形成树枝状电弧，瞬间产生大量气体。

3. 防范措施

在主变压器例行试验后，重点要对套管末屏接地情况进行检查。对于接地方式较复杂较隐蔽的可以会同工作负责人一起检查。

# 任务五 互感器关键点验收

》【任务描述】

本任务主要讲电流互感器和电压互感器关键验收内容。通过结构介绍、图解示意、案例分析等，了解设备动作原理，熟悉设备结构，掌握设备的验收方法。

**≫【知识要点】**

（1）互感器金属膨胀器油位在规定的范围内；不宜过高或过低。

（2）互感器二次端子的接线牢固，并有防松功能，装有蝶型垫片及防松螺母。电流互感器二次端子不应开路，单点接地，电压互感器二次端子不应短路。备用的二次端子应短路接地。

（3）电容式电压互感器中间变压器高压侧不应装设氧化锌避雷器，采用放电间隙的电容式电压互感器放电极与接地极之间的距离应符合运行要求。电容式电压互感器中间变压器接地端应可靠接地。

**≫【技能要领】**

1. 互感器油位抄录，标记画线

油浸式互感器内部充油量较少，渗漏油导致油位下降，会给油浸式互感器带来很大的运行威胁。记录油浸式互感器油位变得尤为重要，但绝大多数的油浸式互感器厂家设计油位指示时均未设置标尺，仅仅只设置上限和下限，运行巡视时因无刻度或标尺，会出现同一油位出现不同抄录结果的情况，给后续运行分析带来较大困难。

停电检修结束验收时，应当对油位进行标线或画线，以便日后运行时对由于渗漏油造成的油位变化和环境温度、负荷变化油位无变化时的异常情况能够及时发现。电流互感器、电容式电压互感器油位分别如图 4-30 和图 4-31 所示。

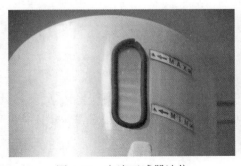

图 4-30　电流互感器油位　　　　图 4-31　电容式电压互感器油位

**2. 末屏接地点接地是否紧固**

电容式电压互感器的末屏接地与变压器套管末屏接地都是很重要的工作接地。

验收时需要检查接地装置是否紧固，装有结合滤波器或相对电容量带电检测装置的需详细核对接地回路情况。

图 4-32　末屏接线盒

**3. 二次接线盒内二次端子紧固情况、箱盖密封、封堵情况**

电压互感器备用的二次绕组应在一端接地，不得两侧同时接地。电流互感器备用的二次绕组应短接接地，不得开路。

验收时运维人员应详细检查，同时对二次端子紧固情况、箱盖密封、封堵情况详细检查。末屏接线盒如图 4-32 所示。

》**【典型案例】**　电容式电压互感器验收执行不到位引起的电压互感器异常导致的停电事件

**1. 案例描述**

2017 年 3 月 2 日，某 500kV 变电站监控后台显示 220kV "××线路间隔 CVT 电压异常""××间隔 CVT3U0 电压越限"，接到监控中心电话后，运维人员马上赶到现场进行检查。用万用表测量××间隔的电容式电压互感器二次交流电压时，发现比其他间隔高 3V 左右，后汇报调度紧急拉停此××线路间隔。

**2. 原因分析**

检修专业技术人员打开电容式电压互感器本体二次接线盒时发现，环氧树脂板上末屏二次端子的 N 端有严重放电痕迹，环氧树脂板烧蚀严重。解体检查发现，电磁单元油箱油位超过上限，下节电容瓷套末屏小套管处漏油，有明显树枝状爬电痕迹。经现场详细调查发现，末屏接地端螺栓因锈蚀严重脱落，使末屏悬空无接地运行。

3. 防范措施

运维人员在验收电容式电压互感器时，应根据说明书中末屏端子的标示检查末屏接地情况。

# 任务六 一次设备典型异常分析

## ≫【任务描述】

本任务主要讲一次设备常见异常的分析内容。通过原因分析、图解示意等，了解设备动作原理，熟悉设备结构，掌握设备的异常分析方法。

## ≫【知识要点】

（1）一次设备发生的异常较明显，可以通过肉眼发现问题的先进行外部检查。

（2）异常原因有多重可能性时，优先检查发生概率最高的位置。

（3）异常原因较多且无法判断时，应用排除检查法，逐步排除。

（4）还可通过触摸、带电检测手段发现某些异常。

## ≫【技能要领】

### 一、变压器温度计远方与就地示值之间的偏差

#### （一）变压器测温装置构成及基本原理

测温装置由指针温度计和远方显示装置等组成，其中指针温度计由温包、毛细管和弹性元件等组成，远方显示装置由测温元件、变送器和显示器组成。变压器测温装置结构见图 4-33。

目前变压器用指针温度计大都是采用压力表原理设计的压力式温度计，即温度计温包内的介质因温度变化而产生热胀冷受缩的现象，引起密闭系统内的压力发生变化，从而获得所测温度。各类指针温度计见图 4-34。

91

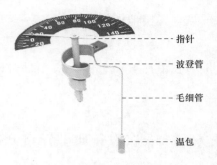

指针

波登管

毛细管

温包

图 4-33　变压器测温装置结构

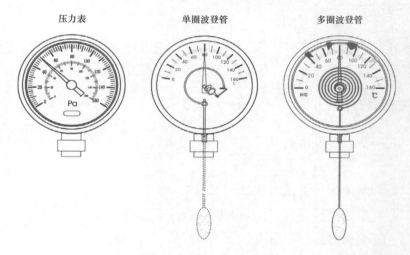

压力表　　　　　单圈波登管　　　　　多圈波登管

图 4-34　变压器温度计

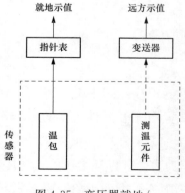

图 4-35　变压器就地/
远方温度计原理图

　　指针温度计用于就地温度示值读取、温度控制和非电量保护，远方显示装置用于对指针温度示值的远方读数。测温系统根据远方显示装置对指针温度计的依赖性可分成独立通道型和非独立通道型。独立的测量系统不会因为某一系统的某个环节出现故障而影响另一系统的正常工作。变压器就地/远方温度计原理见图 4-35。

**（二）静态误差和环境温度对温度计的影响**

（1）静态误差。指针温度计和远方显示都在规定的误差之内，而最高的两表偏差却达到 3.2℃，这是因为两套系统的静态误差叠加的原因。因各检测点的误差正负各异，无法用单一的零位调整来解决此缺陷，必须用在各检测点都能调整的"多点调零"技术来解决此缺陷。

（2）环境温度影响。温度计两表偏差的主要原因是两表偏差随着环境温度变化而波动。变压器因无法停电对故障温度计实施检修，这对变电站的安全运行是不利的。可采用朝夕巡视法来分析故障温度计的巡视数据，从而确定缺陷原因。

其原理是：在凌晨和午后不同气温及阳光条件下，分两次记录同一台运行中指针温度计的两表偏差，依据两表偏差变化量来评估该指针温度计的环境温度变化影响量水平。

因为测温元件和温度变送器采用三线制导线补偿等措施，远方系统与环境温度变化基本无关。夏季凌晨读取变压器某一测温装置两表偏差；午后阳光直射条件下再次读取该测温装置的两表偏差，上述两表偏差变化量就是被巡视温度计的环境温度影响量，例：巡视记录盛夏三伏某一天凌晨 5 点（例如环境温度 30℃）和中午 12 点（例如环境温度 40℃）的同一台测温装置的凌晨两表偏差 $A$（例如 1℃）和午后两表偏差 $A'$（例如 7℃），上述两表偏差变化量（$|A-A'|=|1-7|=6℃$）越大则越有必要安排全性能试验核实该品牌产品的环境温度影响量水平。

## 二、断路器液压机构漏氮信号异常分析

正常情况下西门子断路器液压机构压力达 320bar 后，延时 3～5s 即停泵，液压不会打到漏氮压力 355bar。但是如果漏氮，机构中氮气和油压不能平衡，就会迅速将氮气和油之间的活塞推动至止挡管，一直到活塞不能再被推动为止。油压力在泵的作用下迅速升高到 355bar，报"漏氮"信号，且自保持。一旦报漏氮信号，断路器合闸功能立刻失去，分闸功能也将在 3h 后失去。"漏氮"信号出现后，应区分真假漏氮。

## （一）真假漏氮的判断

如果是真漏氮，应立即去现场检查液压表值，若压力值高于 355bar；同时监控后台查看报文信号：漏氮报警与油泵启动时间，若两者时间在 5～10s 内分别出现，这时通过 S4 复归按钮可以解除漏氮自保持状态，则为真漏氮。无人站应急人员应注意压力值可能低于 355bar，因为真漏氮的情况下压力会出现下降（如果全漏氮，压力会下降很快）。

## （二）假漏氮原因分析

运行中多次出现漏氮信号，经分析判断为大多为假漏氮，认为可能有两方面原因导致断路器报假漏氮信号：一是压力接点；二是时间继电器。

（1）压力接点问题。西门子断路器使用的压力接点分为机械式压力微动开关和电子式压力开关，分别如图 4-36、图 4-37 所示，发生的假漏氮均大多为机械式压力接点。

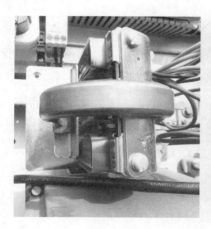

图 4-36　机械式压力微动开关　　　图 4-37　电子式压力微动开关

机械式压力微动是利用波尔登管的弯曲变化来测量压力的弹性敏感元件。波尔登管一端固定（与高压油连接，内腔充满高压油），一端活动用来传递压力微动开关动作，其截面形状为椭圆或扁平形。非圆形截面的管子在其内压力作用下活动端会产生与压力大小成一定关系的位移，根据这一原理从而带动压力接点。

在油泵启动过程中，因压力接点原因可能会导致出现以下四个问题：

1）微动开关接点在达到停泵压力时没有打开，继续打压，使得压力打到 355bar，报漏氮信号。从经验分析来看，微动开关接点不正确动作的原因一是接点脏污锈蚀，这与箱内受潮有关系。

2）微动开关起泵接点粘住，油泵压力直接打至漏氮压力 355bar，通过 S4 漏氮复归后，此时虽然 K81 接点断开，如果压力一直保持在 355bar 以上且起泵接点粘住，依然使回路接通（K81 常励磁），所以 S4 复归按钮可能无法复归。

3）如果是微动开关接点性能不稳定，随着运行时间增加，起泵压力偏大，如 340bar，起泵后经 3s 延时内也会打压到 355bar，发生漏氮信号，停泵后压力下降。

4）波尔登管与微动开关受温度影响，因为这个微动开关自由行程很短，稍有误差，就可能造成动作值偏差，从而导致压力升到 355bar，报漏氮信号。

（2）时间继电器问题。西门子断路器机构箱内的 K15 时间继电器为油泵打压时间继电器。现主要型号为 OM3 型时间继电器（见图 4-38）和 ETR4-70B-AC 型（见图 4-39）。时间继电器容易造成定时误差，根据运行经验，易发生漏氮报警信号 K15 油泵打压时间继电器均采用 OM3 型。

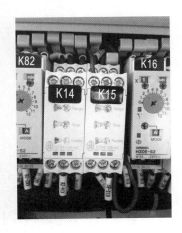

图 4-38　OM3 型时间继电器　　图 4-39　ETR4-70B-AC 型时间继电器

由图 4-40 西门子断路器液压控制回路可知：K15 继电器串接于打压回路中，这是一个瞬时动作延时返回的继电器。

当达到启动压力（320±4）bar 时（一般设定 316bar），B1/1-2-3 点 1-2 通。K15 通过 K9 启动油泵，压力到 320bar 时，B1/1-2-3 点 1-2 断，K15 时间继电器启动计时 3s 后切断 K9 停泵。这样的设定使油泵启停存在一个压力差值，避免了油泵的频繁启动。

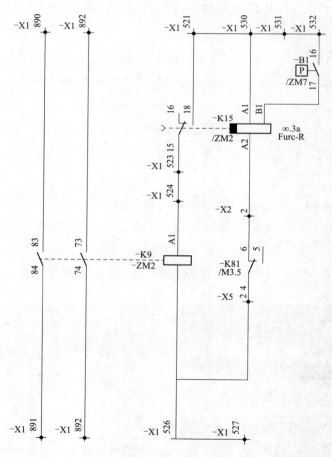

图 4-40 西门子断路器液压控制回路

OM3 型的 K15 时间继电器时间整定误差，也会导致压力到达停泵值后，未及时停泵，造成继续打压，从而油压过高报漏氮信号。

### 三、断路器液压机构油泵打压超时异常分析

从图 4-41 中可以看出，当断路器液压机构油压低于设定值时，油泵启动 K9 接触器动作（见图 4-42）。达到设定值时，油泵在打压延时时间继电器设定之后停机。延时的目的是：①防止液压系统频繁启动；②检查氮气储能筒有无氮气泄漏的情况发生。如果 3min 后油泵不停泵，K67 打压超时，继电器动作即报打压超时信号，同时切断油泵打压回路。

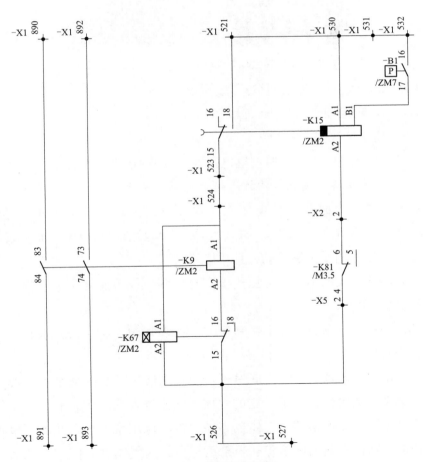

图 4-41　西门子断路器打压超时回路

图 4-42　西门子断路器打压接触器 K9 及打压超时继电器 K67

B1：油压控制器的压力接点（设定值为 320bar）。

K15：断电延时型继电器（设定值为 2～5s）。

K9：油泵接触器。

K67：打压超时得电延时型继电器（设定值为延时 3min）。

1. 西门子断路器液压机构打压超时的原因分析

（1）由于二次回路相关电器元件损坏引起，如 K15（时间继电器）、K9（油泵启动继电器）或者是 B1（压力接点）触点出现故障。通常表现为压力正常，但是油泵仍然启动，且无法复归。

（2）泄压阀关闭不严。泄压阀没有复位到位或不能复位引起内部高油压泄露到低压管道。

（3）油中含有杂质。油中含有杂质，使球阀关闭不严，造成较大泄漏，引起频繁打压。

（4）由于断路器的运行时间过长，导致在液压系统的油泵低压部分以及高压油系统的内部积累了一定的气体。气体进入液压系统后，由于气体最容易被压缩，高压系统中气体也容易被排入低压系统中，并不断聚集在油泵顶部，从而引起油压下降。当泵顶部聚集的气体过多使泵内油面低于其活塞口上部时，油泵不能有效地将液压油从低压部分输出到高压部分，从而出现油泵持续运转，且油压不能升高的情况。

2. 打压超时处理

（1）触点问题处理

通常表现为压力正常，但是油泵仍然启动，且无法复归。如 K15（时间继电器）、K9（油泵启动继电器）损坏应及时更换，B1（压力接点）接点出现粘连时需对触点进行润滑处理。

（2）泄压阀问题处理

通常表现为压力能够打到较高压力值，但压力会下降，下降到一定值时油泵重新打压。旋进泄压阀螺杆泄压，注意观察压力变化，在下降到重合闸闭锁压力前，快速旋出泄压阀螺杆，反复几次，过程中油泵会自动打压并停止。

（3）油中杂质处理

作为应急处理，多次分合，使液压油在管道中流动并经过过滤，一般可解决。但最好还是对液压系统进行清洗处理，并更换新的液压油。

（4）液压系统入气处理

打压超时通常发生在冬天和夏天，一天中气温最低的时候尤其容易发生（如凌晨4～6时）。表现为打压速度很慢，严重时出现油泵持续运转，但油压不能升高情况。处理方法是排出油泵中气体。油泵排气过程：旋进泄压阀螺杆泄压，注意观察压力变化，在下降到重合闸闭锁压力前，快速旋出泄压阀螺杆，过程中油泵会自动打压并停止；打开油泵顶部的排气塞，反复来回旋转排气塞；重复以上动作，即可消除频繁打压现象。

运行经验表明，打压异常情况多为液压系统进气原因。西门子开关使用说明书中也提到充油后第一次使用的开关必须进行排气处理；长时间运行后，如果泵的打压次数比投运时频繁，应进行排气处理。有关资料也建议2年应进行一次排气处理。

目前已经安装了一部分自动排气装置，但长时间运行排气装置故障率较高，需人工手动排气。

# 项目五

# 二次设备验收及异常处理

>> 【项目描述】

本项目包含继电保护设备验收、监控自动化设备验收、继电保护设备典型异常处理、监控自动化设备典型异常处理四部分内容。通过继电保护、监控自动化等相关二次设备验收及异常处理知识要点介绍、典型异常现象讲解、设备验收及运行过程中的典型案例分析，了解二次设备验收的重点内容、注意事项及常见问题，掌握二次设备常见异常的故障现象及处理方法。

# 任务一 继电保护设备验收

>> 【任务描述】

本任务主要讲解继电保护设备验收，通过重点内容分步讲解的方式，了解继电保护设备验收的相关步骤，熟悉继电保护设备验收的基本流程，掌握继电保护设备验收的重点项目，提高继电保护设备验收水平。

>> 【知识要点】

继电保护设备验收时，应注意对保护装置硬压板、软压板、空气开关、定值等设备的状态检查，避免保护装置投入运行时，造成压板、空气开关、切换开关等误投、漏投，定值不符，影响保护装置正确动作。

（1）保护硬压板按照作用可以分为功能压板和出口压板，功能压板的作用是投退保护装置的某项功能，出口压板的作用是在电气回路上隔离某一出口回路。

（2）保护装置的软压板是指保护装置内部的虚拟压板，常规变电站与智能变电站有所区别。常规变电站的软压板一般为功能软压板，智能变电站的软压板包括功能软压板、GOOSE 接收软压板、GOOSE 发送软压板、SV 接收软压板。

（3）保护装置切换开关的一般作用是使保护装置的某一开入量在 0 与

1 之间切换，从而影响保护装置的运行状态。

（4）保护装置的空气开关包括装置电源空气开关、控制电源空气开关、信号电源空气开关、交流电压二次空气开关。

≫【技能要领】

## 一、继电保护设备的压板检查

常规变电站中，继电保护装置的硬压板包括功能硬压板、出口硬压板。智能变电站中，继电保护装置的硬压板只有检修硬压板和远方操作硬压板，用于二次回路出口隔离的硬压板在智能终端上配置。继电保护设备的硬压板布置在设备屏正面的下部，由运维人员负责状态核对及操作。

在继电保护设备检修工作中，检修工作负责人布置检修二次安全措施时会改变硬压板的初始状态，在继电保护设备验收时应注意检查继电保护装置的压板的状态是否符合要求。

### （一）功能硬压板状态检查

继电保护装置的功能压板状态，应当按照定值单要求及继电保护装置的运行状态要求检查。如图 5-1 所示，该保护装置的分相电流差动保护、距离Ⅰ段、距离Ⅱ段、距离Ⅲ段，零序反时限保护投入，方向零流Ⅰ段、方向零流其他段保护退出，应按照整定单核对功能压板投退是否正确。

图 5-1　继电保护装置功能压板

在继电保护装置的异常处理工作时，可能会由于设备消缺的要求，仅停用保护的某项功能，如仅停用分相电流差动保护，后备保护继续投运。此时，功能硬压板只有分相电流差动保护硬压板在取下状态，其余压板均放上，在验收时应按照继电保护装置的运行状态仔细核对。

### （二）出口硬压板状态检查

继电保护装置的出口压板状态，应根据一、二次设备的运行状态检查。由于继电保护检修工作进行传动试验时，需要根据工作需要投退出口硬压板状态，因此需仔细核对出口硬压板状态。

如图 5-2 所示，500kV 线路改检修时，开关保护的开关失灵保护动作启动母差出口压板是检修人员所做的安全措施，工作结束验收时应仔细核对，压板是否恢复至许可前状态，防止出口压板漏投。

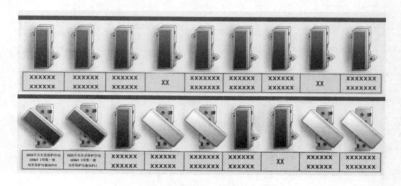

图 5-2　继电保护装置出口硬压板

智能变电站的出口硬压板布置在智能终端，因此在进行二次设备验收时，应注意不要遗漏智能终端的硬压板状态检查。

### （三）继电保护装置软压板状态检查

常规变电站的软压板一般为功能软压板。常规变电站的软压板作为定值单内容，需按照定值单整定，不作为操作项，在验收时需与整定单核实是否一致。

智能变电站的软压板包括功能软压板、GOOSE 接收软压板、GOOSE 发送软压板、SV 接收软压板。智能变电站保护装置的改变运行状态的操作通过投退软压板实现，因此验收时应当根据一、二次设备的运行状态检查相关软压板状态是否正确。

如图 5-3 所示，智能变电站的停用重合闸时，需投入保护装置内部的停用重合闸软压板，并退出重合闸出口 GOOSE 发送软压板。

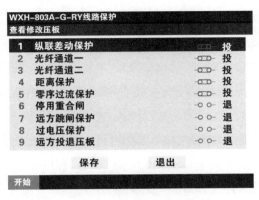

图 5-3　智能变电站继电保护装置软压板

### （四）断路器三相不一致保护硬压板检查

断路器三相不一致保护采用断路器机构本体三相不一致，三相不一致保护具有功能硬压板，部分变电站除三相不一致保护功能投退硬压板外，还配置三相不一致保护分相出口硬压板。

断路器三相不一致保护硬压板一般布置在断路器机构箱或断路器集中控制柜（简称 LCP 柜），验收工作时应当检查三相不一致保护硬压板是否正常投入，如图 5-4 所示。

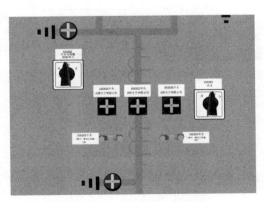

图 5-4　三相不一致保护硬压板

## 二、继电保护装置切换开关、空气开关检查

### （一）继电保护装置切换开关状态检查

继电保护装置的切换开关一般包括继电保护定值区切换开关、重合闸

方式切换开关、断路器运行状态切换开关、跳闸方式切换开关、部分功能投退切换开关（如远方跳闸就地判别等）。

继电保护装置的切换开关应当根据一、二次设备的状态投退。切换开关的状态如果与运行方式不符合，将会影响继电保护装置的正常运行以及运维人员倒闸操作。

在进行二次设备验收时，应当根据目前一、二次设备的运行状态，检查继电保护装置的切换开关的投切方式是否正常。如图 5-5 所示，该 500kV 线路保护装置中"5081 开关状态切换开关"切至边开关检修状态，"5082 开关状态切换开关"切至运行状态，表明该 500kV 线路的边开关检修，中开关运行，应当根据目前一次设备的运行状态，判断此时的切换开关状态是否正确。

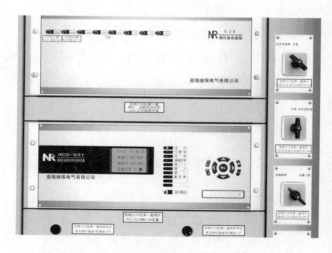

图 5-5　继电保护装置切换开关状态

### （二）继电保护装置空气开关状态检查

继电保护装置的空气开关一般包括继电保护装置直流电源空气开关、继电保护装置交流电压二次空气开关、断路器直流控制电源空气开关、继电保护屏内交流电源空气开关等。

正常运行时继电保护装置的空气开关应当全部投入，保证继电保护设备可靠运行。当一次设备停电操作时，继电保护装置的交流电压二次空气开关、断路器直流控制电源空气开关等会根据一次设备的状态进行投退。例如，某 220kV 断路器改检修时，要求断开该断路器第一组、第二组直流控制电源空气开关。

在检修作业工作开展时，根据工作需要投退相关的继电保护装置的空气开关，在进行验收时，应当重点检查继电保护装置的空气开关状态是否与一、二次设备的运行状态符合。如图 5-6 所示，该保护屏后的 2 号主变压器 5041 开关第一组直流控制电源小开关断开，其他空气开关均合上，不符合运行状态方式的要求，在验收时应当提出，要求检修人员恢复继电保护装置空气开关至许可前的状态。

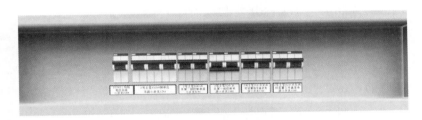

图 5-6　继电保护装置空气开关状态

### 三、继电保护装置定值检查

继电保护装置的定值检查包括定值区号检查、定值内容核对，继电保护装置正常运行时应当根据电网调度整定单整定定值，并根据电网调度的运行要求投放在相应的定值区。

#### （一）继电保护装置定值区检查

继电保护装置的定值可以按区整定，以适应不同运行方式的要求。例如：某 220kV 线路保护设置两组定值，正常运行采用定值区 1；定值区 2 在本线双纵联全停或对侧 220kV 母差保护全停时用（相间、接地距离 II 段时间改为 0.5s）。

在进行二次设备验收时，应当注意检查保护装置的运行定值区号是否符合要求，如图 5-7 所示，该继电保护装置的运行定值区号为 01 区，应当根据目前的状态要求核实定值区是否正确投入。

图 5-7　继电保护装置运行定值区号

## （二）继电保护装置定值内容检查

继电保护的定值内容正确是保证继电保护装置正确可靠动作的必要条件，继电保护的定值内容需要按照电网调度出具的正式整定单进行整定，确保正确性，防止发生误整定事件。

二次检修人员开展继电保护装置校验、装置消缺以及继电保护装置定值整定等相关工作时，均需要改变继电保护的定值内容，运维人员进行二次设备验收时，应当按照电网调度出具的正式整定单，与检修人员对保护装置的定值内容进行核对，并要求双方签字确认，确保继电保护装置运行定值的正确性。

需要注意的是，在进行继电保护装置运行定值核对时，运维人员应当理解继电保护装置软压板、控制字、跳闸矩阵等定值内容的意义，认真分析定值内容是否符合运行状态要求，及时发现问题，防止发生异常事故。

## 四、二次设备端子排检查

二次设备验收时，运维人员对于端子排的连接情况、接线等内容，应当引起足够的重视。

端子排的连接情况是指端子排的中间连接片是否在连接状态。电流端子连接片如果在断开状态，一次设备投入运行后会导致电流互感器二次回路开路，产生放电，严重影响一、二次设备安全运行，如图 5-8 所示；电压端子连接片如果在断开状态，一次设备投入运行后会导致保护装置异常，闭锁相关保护功能；跳闸出口回路端子排连接片如果在断开状态，会影响继电保护装置的正确出口；继电保护装置开入量回路端子排连接片如果在断开状态，会影响继电保护装置的正确运行。

端子排的接线是否可靠，是指二次设备端子排上的电缆接线是否有松动脱离，如图 5-9 所示，某继电保护设备端子排上一根电缆接线脱离端子排。二次设备端子排接线松动脱离属于比较隐蔽的缺陷问题，保护装置的告警信息可能无法反映全部端子排的接线连接状况，在验收时应认真仔细观察端子排的接线情况，防止出现二次接线松脱，造成继电保护设备异常运行，引起继电保护设备不正确动作。

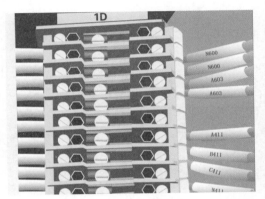

图 5-8 电流/电压端子排连接片状态

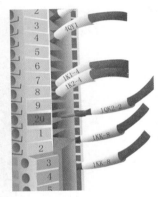

图 5-9 端子排端子接线松动

### 》【典型案例】 某变电站220kV 1号母联断路器电流互感器二次回路开路

1. 案例描述

2016 年 4 月 13 日，某检修公司进行 500kV ××变电站 220kV 副母 I 段、1 号母联断路器间隔 C 级检修、保护及监控校验，工作结束后进行 220kV 副母 I 段由冷备用改为运行的复役操作，当操作至合上 220kV 副母分段断路器（同期合）时，后台报 "220kV REB103 母差保护 TA 断线"。

现场检查发现 220kV 1 号母联断路器端子箱内有异响，打开端子箱端子排有火花并有烟冒出，运维人员紧急拉停 220kV 副母分段、1 号母联断路器。

2. 过程分析

220kV 副母 I 段由冷备用改为运行倒闸操作时，首先合上 220kV 1 号母联断路器对 220kV 副母 I 段充电，此时 220kV 1 号母联断路器仅流过充电电流，当合上 220kV 副母分段断路器后，220kV 1 号母联断路器电流增大，由于 220kV 1 号母联断路器电流回路 TA 开路，220kV REB103 母差保护 TA 断线告警。

现场检查发现，正常的电流端子排中间连片连接时，连片应在下部，而 220kV 1 号母联断路器端子箱烧毁的电流端子排连片在上部，可见电流端子排连片未连接是造成本次电流互感器二次回路开路、电流端子排烧毁的原因。

对比烧毁的电流端子排与正常的电流端子排的，如图 5-10 所示。

图 5-10　烧毁的电流端子排与正常的电流端子排

本次事故异常属典型二次设备验收不到位事件，核心是对检修工作结束后二次设备验收的重点项目遗漏。变电站电流互感器二次回路开路会产生放电、保护装置电流二次回路断线闭锁，严重影响一、二次设备安全运行。

3. 结论建议

二次设备验收工作是工作结束后的一次全面检查，有效开展验收可以发现检修工作中遗漏的安全隐患，可以避免在运行时发生严重的设备故障。

本次电流互感器二次回路开路异常暴露出现场运维人员对二次验收相关重点知识掌握不足，未对现场开关端子箱内电流端子进行验收，未能发现 220kV 1 号母联断路器端子箱内电流端子断开状态。因此，应当加强现场二次验收相关重点知识的学习培训，明确检修设备状态验收的核对要点，进一步提升现场运维人员、专业管理人员对设备验收的掌握程度，切实提升变电站现场安全运行水平。

# 任务二 监控自动化设备验收

## 》【任务描述】

本任务主要讲解监控自动化设备验收部分，通过结合图例讲解的方式，了解监控自动化设备验收的重要作用，熟悉监控自动化设备验收的基本项目，掌握监控自动化设备验收的相关知识，提高监控自动化设备验收水平。

## 》【知识要点】

监控自动化设备通过对一、二次设备遥测、遥信信息的采集，监视一、二次设备的运行状况，包含了日常运维所需要的各类信息。监控自动化设备的验收，实际意义是从远程监控的角度，对变电站内一、二次设备的运行情况进行一次全面的检查，判断设备验收时有无异常情况。对监控自动化设备应当放在一、二次设备验收之后开展，进行一次全面的、系统的检查，确保变电站的安全可靠运行。

变电站内的监控自动化设备通过监控系统网络与监控后台主机进行通信，通信正常是保证设备四遥信息可靠传送的必要条件。遥信信息主要包括监控系统光字牌信息、一次设备和二次设备状态等，智能变电站的遥信还包括软压板状态、GOOSE/SV 网络通信状态等相关内容。监控自动化设备验收时，应当根据一次设备的运行状况，对可以进行遥控的设备进行遥控验收。

## 》【技能要领】

### 一、监控自动化设备通信检查

500kV 变电站监控系统按安装地点和功能，包括主控制楼内的站级控

111

制层和现场继保小室的现地控制层两个部分，网络结构按分布式开放系统配置。变电站监控系统具有监视自动化设备通信状态的功能，验收时应当在监控系统中检查各网络的通信情况。

　　分布在继保小室的各个间隔测控装置通过 A 网、B 网两个网络与监控后台连接，单个网络中断时不会影响相关四遥数据的传输，如图 5-11 所示，二次设备验收时应当检查各个测控装置的 A 网、B 网双网通信均正常。

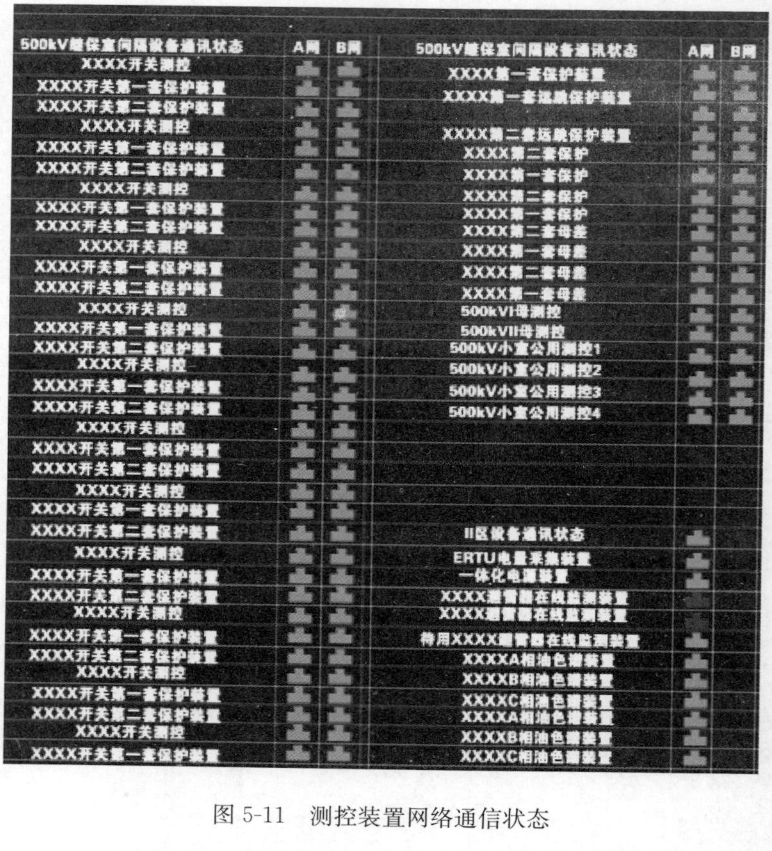

图 5-11　测控装置网络通信状态

## 二、监控系统光字牌信息检查

　　变电站监控后台的光字牌是反映一、二次设备有无异常的重要监视信息，在验收时，应当根据目前一、二次设备的运行状态，检查监控系统后台的保护装置信号光字与实际情况相符合，如图 5-12 所示。

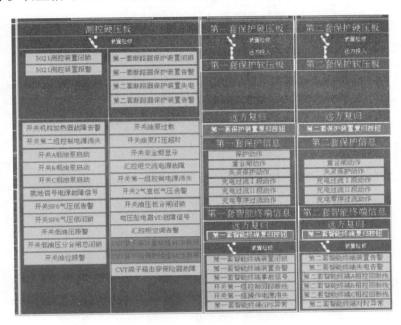

图 5-12　变电站监控后台光字牌信息

监控后台应当无异常光字信号。二次检修工作在开展相关试验时，会导致监控后台的光字牌异常点亮，因此，在进行二次设备验收时，应当检查有无异常的、未复归的光字牌。如图 5-13 所示，该间隔光字牌中的"单元事故总信号"是由于检修人员进行继电保护跳闸带断路器传动试验引起的光字，在工作结束后应当要求检修人员将该光字牌复归，确保监控后台无异常光字信号。

监控后台光字牌信号由测控或保护装置上送，光字牌的数值应当在 0 与 1 之间改变，当光字牌的状态显示"死数"时，表示该光字牌信号上传异常，无法根据实际状态刷新光字牌数据，如图 5-14 所示。由于光字牌为死数时，其点亮状态会保持原有状态，因此验收时，应当逐个点击光字牌的内部信息，检查光字牌的数据是否正常，当出现光字牌的状态显示"死数"的异常时，应当要求检修人员检查处理。

绿城线5031开关光字牌

| 返回间隔图 | | | |
|---|---|---|---|
| 测控屏交流电压小开关跳闸 | 开关k2/油压/SF6总闭锁 | 保护装置CT断线/PT断线 | |
| 开关第一组控制回路断线 | 开关电机电源消失 | 开关保护失灵延时出口继电器未复归 | |
| 开关第二组控制回路断线 | 开关加热器电源消失 | 绿城5167线电度表PT失压报警 | |
| 开关第一组控制电源故障 | 开关油泵打压超时 | 信号电源失电 | |
| 开关第二组控制电源故障 | 开关A相油泵打压 | 单元事故总信号 | |
| CVT空气开关动作 | 开关B相油泵打压 | 间隔检修状态(封锁间隔信号) | |
| 开关就地控制 | 开关C相油泵打压 | 水平通信中断 | |
| 开关SF6泄漏 | 保护直流电源消失 | 测控单元与前置机通信中断 | |
| 开关N2泄漏 | 保护装置内部故障 | | |
| 开关N2总闭锁 | 保护总跳闸 | | |
| 开关SF6总闭锁 | 重合闸动作 | | |
| 开关油压总闭锁 | 失灵保护动作 | | |
| 开关三相不一致动作 | 重合装置停用/闭锁 | | |
| 开关油压合闸闭锁 | 启动重合闸 | | |

| 铭 | [1850]\城变_线城\5031开关光字牌 | 13:47:59 | 总城事故处理 | [1850]\综合 \控制 |

图 5-13　单元事故总光字牌异常

一般属性　详细属性　告警确认　人工置数　挂牌摘牌　遥控

一般属性

厂站　500kVXX变

测点　5011开关第二套保护_GOOSE总告警

值　合

状态　报警确认 正常变位 死数

处理标志

☒ 处理允许　☒ 报警允许　☐ 取反　☐ 计算点
☐ 遥控允许　☒ 事故追忆允许　☐ 信号保持允许　☐ 事故总触发允许
☒ 预告总触发允许　☐ 实时统计允许　☐ 不带出口的动作元件

确定　取消

图 5-14　监控后台光字牌信息"死数"

## 三、断路器分合闸遥控检查

监控自动化设备验收时，为了确保断路器的可靠操作，应当根据验收时的一次设备运行状态，进行断路器的分合闸遥控试验检查，防止由于检修原因，导致断路器无法进行分合闸，影响后续的设备倒闸操作，如图 5-15 所示。

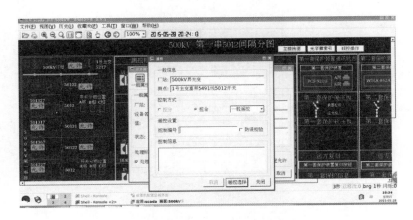

图 5-15　断路器分合闸遥控验收

## 四、智能变电站监控自动化设备检查

智能变电站的监控系统相比常规变电站，监控后台采集的数据量更多，因此检查验收时的项目相比常规变电站有所增加。

（1）软压板状态检查。智能变电站的监控系统可以显示保护装置的软压板状态，如图 5-16 所示。验收时应检查监控后台的软压板状态与保护装置软压板的实际状态一致。

（2）GOOSE/SV 网络状态检查。智能变电站的监控系统可以显示保护、测控的 GOOSE/SV 网络状态，验收时应根据 GOOSE/SV 网络链路图，检查 GOOSE/SV 网络状态，防止出现 GOOSE/SV 断链异常，如图 5-17 所示。

（3）保护信息管理系统检查。保护信息管理系统在智能变电站监控后台中作为一种高级应用，可以远程查看保护参数、运行定值、保护的测量、保护状态、软压板等各种信息，如图 5-18 所示，在进行二次设备验收时，可以通过保护信息管理系统对继电保护装置的各项内容进行详细的检查，防止出现继电保护设备异常。

图 5-16　变电站监控后台软压板状态图

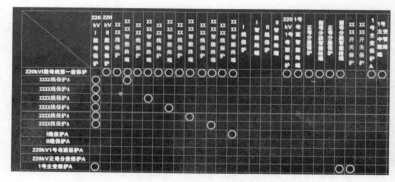

图 5-17　变电站监控后台 GOOSE/SV 网络状态

图 5-18　保护信息管理系统功能界面

（4）程序化操作中的设备状态检查。程序化操作作为智能变电站的高级应用，为运维人员操作提供了极大的便利，程序化操作中的设备状态，红色表示当前运行状态，绿色表示可以通过程序化操作由当前状态操作至的其他状态，如图 5-19 所示。在二次设备验收时，应当关注程序化操作中的红色状态是否与当前一、二次设备的运行状态相符合。

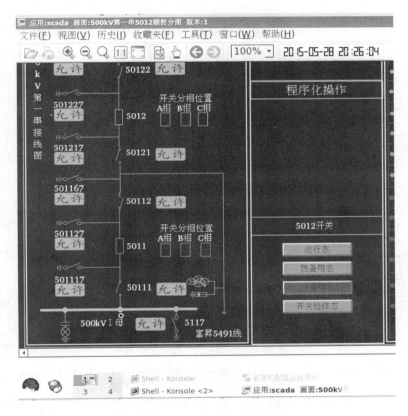

图 5-19　程序化操作状态检查

>> 【典型案例】　某变电站二次验收未进行断路器分合闸试验导致复役时三相不一致动作跳闸

1. 案例描述

2016 年 5 月 18 日，某检修公司进行 500kV ××变电站 220kV ××线路间隔 C 级检修、保护及监控校验，工作结束后进行 220kV ××线由断路器及线路检修改为运行的复役操作，当操作至合上 220kV ××断路器（同期合）时，A相断路器合闸不成功，B、C相合闸成功，断路器非全相保护动作，220kV××断路器三相跳开。

检查220kV故障录波器220kV××断路器跳闸时无故障信息记录，当地后台事件记录显示，21时36分38秒658毫秒"220kV××断路器合上"，21时36分41秒234毫秒"断路器B相合位""断路器C相合位""三相不一致动作"，21时36分41秒290毫秒"断路器B相分位""断路器C相合位"。根据后台信息，初步判断断路器A相未合上，三相不一致动作。

压接头松动，部分脱出，接触不良，拔出后软线外观很直，未压接紧固

图 5-20　断路器合闸回路
端子排接线松动

**2. 过程分析**

申请断路器冷备用后，检查断路器三相机构机械无异常，打开机构箱对内部进行检查发现A相断路器分合闸线圈及二次回路无明显异常情况，随后对合闸回路元器件及接线进行逐个检查发现A相合闸线圈到转接小端子排压接头松动，接触不良，如图5-20所示。

在进行220kV××线由断路器及线路检修改为运行的复役操作的过程中，当操作完成"合上220kV××断路器第一组控制电源小开关"时，监控后台中220kV××线断路器"第一组控制回路断线""第一组控制电源故障"已复归。原因：断路器合闸监视回路存在设计缺陷，在解开合闸线圈接线端子后，合闸监视回路仍然通过计数器导通，实际上已无法正确反应合闸回路的真实状态。

在本次220kV××线路间隔C级检修、保护及监控校验现场运维人员未进行断路器分合闸遥控试验，而"控制回路断线"信号由于设计缺陷未能真实反映合闸回路通断状态，从而未能及时发现断路器A相无法进行合闸的隐患，未能及时避免事故的发生。

**3. 结论建议**

本次事故异常属典型设备验收不到位事件，核心是对检修工作结束后监控自动化设备验收时的重点项目遗留，未进行断路器分合闸遥控试验，未能通过验收发现断路器 A 相无法进行合闸的隐患。

　　监控自动化设备验收工作是运维人员进行设备验收的最后一道关卡，对于一次设备验收、继电保护设备验收中未能发现的问题，监控系统的信息检查可以严守最后的安全底线。因此，在进行监控自动化设备验收时，应当对监控后台的各类信息进行全面、仔细的梳理和检查，从而判断一次、二次设备有无异常情况，对于断路器应当在监控后台中根据一次设备的状态进行遥控验收试验。

# 任务三　继电保护设备典型异常处理

## ≫ 【任务描述】

　　本任务对继电保护装置故障、继电保护装置通道故障、智能变电站GOOSE/SV 网络异常三类典型故障现象和处理措施进行讲解。通过缺陷现象分析及缺陷处理方法的介绍，了解运维、检修在继电保护设备异常处理过程中的分工，学习如何快速有效地发现缺陷、确定缺陷原因并消除缺陷，掌握恢复继电保护设备正常运行的技能。

## ≫ 【知识要点】

　　微机保护装置出现异常时，作为现场维护人员，需要根据故障的现象，快速判断故障原因，进而确定后续的处理措施，提高现场处理缺陷速度。

　　（1）继电保护装置故障出现常见电源插件故障、CPU 插件故障时，现场运维人员应根据保护指示灯、报文、光字等综合判断故障类型。

　　（2）继电保护通道分为光纤通道和高频通道，通道故障告警的原因很多，通道缺陷的处理需涉及保护和通信两个专业。

　　（3）智能变电站采用 GOOSE/SV 网络代替常规变电站的电缆回路，网络异常对保护、测控等二次设备的正常运行会产生严重影响。

>> 【技能要领】

## 一、继电保护装置故障处理

### （一）继电保护装置电源插件故障

继电保护装置电源插件故障时，继电保护装置失去正常的直流电源供电，故障现象表现为：

（1）监控后台报"保护装置闭锁"光字牌。

（2）保护装置电源灯灭、运行灯灭，保护液晶无显示，如图 5-21 所示。

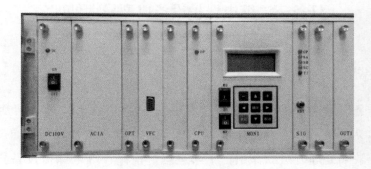

图 5-21　继电保护装置电源插件故障

运维人员在收到监控后台"保护装置闭锁"光字牌后，应立即前往继电保护小室内，检查继电保护装置。当出现电源插件故障现象时，应当立即汇报上级部门，并根据电网调度要求，将故障的继电保护保护装置改为信号状态后，方可进行缺陷的检查处理。

在故障的继电保护装置由跳闸改为信号之后，运维人员可以开展前期排查，可通过以下两点判断进一步确认是否为电源插件故障。

（1）检查继电保护屏后装置直流电源空气开关是否跳开，如果继电保护装置直流电源空气开关跳开，运维人员可试合一次，再次跳开说明继电保护屏内存在短路，不允许多次试合。

（2）利用万用表测量继电保护装置的直流电源进线电压是否正常，如果直流电源进线无电压，则故障点位于继电保护屏之外，可进一步开展排查。

在排除以上两点后，方可确认为继电保护装置电源插件故障。应当在检修人员到达现场后，履行工作许可手续后由检修人员更换故障的电源插件，按二次设备验收相关要求检查无异常后，方可恢复继电保护装置正常运行。

**（二）继电保护装置 CPU 插件故障**

继电保护装置 CPU 插件故障时，继电保护装置失去相关的保护功能，保护装置被闭锁，其故障现象表现为：

（1）监控后台报"保护装置闭锁"光字牌。

（2）保护装置运行灯灭，运行异常灯亮，闭锁所有保护功能，如图 5-22 所示。

图 5-22　继电保护装置 CPU 插件故障

（3）保护装置异常报文显示相关 CPU 故障信息，如图 5-23 所示。

图 5-23　继电保护装置 CPU 插件主从 CPU 状态不一致

运维人员在收到监控后台"保护装置闭锁"光字牌后，应立即前往继电保护小室内，检查继电保护装置。当出现CPU插件故障的现象时，应当汇报上级部门，并根据电网调度要求，将故障的继电保护保护装置改为信号状态后，方可进行缺陷的检查处理。

在故障的继电保护装置由跳闸改为信号之后，运维人员可进行前期的信息抄录和检查处理工作。

（1）及时抄录保护装置的异常报文，以及保护CPU的各项参数，如版本号、校验码等，如图5-24所示。

图5-24　继电保护装置CPU参数

（2）按照运维一体化的工作要求，开展对故障继电保护装置的重启工作。

重启故障继电保护装置后，故障现象如果依然存在，应当在检修人员到达现场后，履行工作许可手续后由检修人员更换故障的CPU插件。缺陷消除后，运维人员应重新核对保护装置的各项参数、定值，检查保护装置、后台无异常后方可投运。

**二、继电保护装置通道故障处理**

**（一）继电保护装置光纤通道故障**

随着通信技术的发展，借助光纤通信网的光纤电流差动保护在电力系统中得到了广泛应用。

220kV及以上线路保护装置一般采用光纤通道构成分相电流差动保护，

通过比较本侧电流与对侧电流判断是否动作跳闸，保护装置光纤通道正常时应检查通道延时、误码率、丢帧数等数据是否正常，如图 5-25 所示。

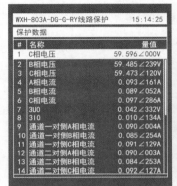

图 5-25 光纤通道正常时保护装置的通道信息

继电保护装置光纤通道故障时，闭锁相关保护功能的故障现象表现为：

（1）监控后台"保护通道故障""保护运行异常告警"光字牌亮。

（2）保护装置运行异常灯亮、通道异常灯亮，如图 5-26 所示。

图 5-26 光纤通道故障时继电保护指示灯

（3）保护装置内光纤通道信息的数据显示异常，如图 5-27 所示。

光纤电流差动保护通道故障时，可能导致保护误动或拒动，因此该保护装置通道告警时，运维人员应当根据检修人员工作需要，向调度申请停用相关保护。

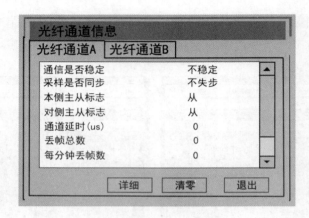

图 5-27　光纤通道故障时继电保护通道状态

（1）检查监控后台报文和保护装置的收发状态，了解光纤通道的类型是专用还是复用，如是复用通道，检查相应的复用接口装置状态是否正常。

（2）确定是光纤通道故障时，仅需将与光纤通道相关的保护功能改为信号。

1）220kV 保护装置将分相电流差动保护由跳闸改为信号；

2）500kV 保护装置将分相电流差动保护、远方跳闸改为信号。

（3）无法确定是光纤通道故障还是保护装置故障时，应当将保护装置的所有功能均改为信号状态，500kV 保护装置光纤通道故障时应注意将对应的远方跳闸改为信号状态。

（4）检修人员完成消缺通道恢复后，检查保护装置对侧采样正常、差流正常、通道信息正常，方可投运。

**（二）高频保护收发信机 3dB 告警**

高频保护通道的构成相对复杂，它由线路两侧的保护装置、收发信机及高频通道组成，且高频通道又由高频电缆、结合滤波器、耦合电容器、线路阻波器和电力线路等许多设备组成，因此高频保护的正常运行受到多种因素限制，而上述设备任一个发生异常都会影响高频保护的正常运行。因此，高频保护出现异常的情况较多且情况也复杂。

高频保护收发信机 3dB 告警的故障现象为：

（1）不具备自动通道测试的收发信机，只有手动进行通道测试时，才报 3dB 告警信号。按下收发信机的通道测试按钮后，收发信机的"起信""收信""收信启动"灯亮，"＋3dB"告警红灯亮，收信裕度显示目前的收信电平，如图 5-28 所示。

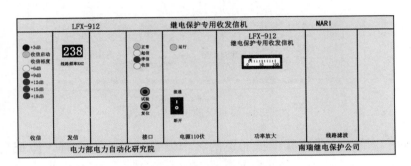

图 5-28　不具备自动通道测试的收发信机 3dB 告警

（2）具备自动通道测试的收发信机，在正常运行时发监频信号监视通道情况，当通道异常时，"收信过低""总告警"红灯亮，收信裕度显示目前的收信电平，如图 5-29 所示。

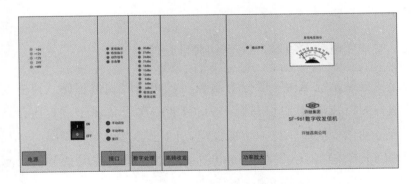

图 5-29　具备自动通道测试的收发信机通道异常

高频保护收发信机 3dB 告警故障时将可能导致保护的误动或拒动，运维人员应当根据检修人员工作需要，向调度申请停用相关保护。不具备自动通道测试的收发信机，应当比较收发信数据与往日的变化情况，如图 5-30所示。

| | 测试时间 | | 信号灯状态 | 3dB X | 收信起动 ✓ | 收信裕度（原始调时裕度db）✓ | 正常 ✓ | 起信 ✓ | 停信 ✓ | 收信 X | 运行 ✓ | 功能表计（原始记录）刻度 | 签名 |
|---|---|---|---|---|---|---|---|---|---|---|---|---|---|
| | 月 | 日 | | | | | | | | | | | |
| 检修测试 | 3 | 1 | 正常 | X | ✓ | 15/18 | ✓ | ✓ | ✓ | X | ✓ | 10/50 | ✓ |
| | 3 | 2 | 正常 | X | ✓ | 15/18 | ✓ | ✓ | ✓ | X | ✓ | 10/152 | ✓ |
| 运行测试 | 3 | 3 | 正常 | ✗ | ✓ | 15/18 | ✓ | ✓ | ✓ | X | ✓ | 10/62 | ✓ |
| | 3 | 4 | 正常 | ✗ | ✓ | 15/18 | ✓ | ✓ | ✓ | X | ✓ | 10/62 | ✓ |
| | 3 | 5 | 正常 | ✗ | ✓ | 15/18 | ✓ | ✓ | ✓ | X | ✓ | 10/61 | ✓ |
| | 3 | 6 | 正常 | X | ✓ | 15/18 | ✓ | ✓ | ✓ | X | ✓ | 10/62 | ✓ |
| | 3 | 7 | 正常 | X | ✓ | 15/18 | ✓ | ✓ | ✓ | X | ✓ | 10/62 | ✓ |
| | 3 | 8 | 正常 | ✗ | ✓ | 15/18 | ✓ | ✓ | ✓ | X | ✓ | 10/61 | ✓ |
| | 3 | 9 | 正常 | X | ✓ | 15/18 | ✓ | ✓ | ✓ | X | ✓ | 10/60 | ✓ |
| | 3 | 10 | 正常 | X | ✓ | 15/18 | ✓ | ✓ | ✓ | X | ✓ | 10/6 | ✓ |
| | 3 | 11 | 正常 | | | 15/18 | | | ✓ | | | 10/60 | ✓ |

说明 "检修测试"栏系试验人员在工作结束后填写的测试数据，作为运行测试的依据。"X"表示不亮，"✓"表示亮。

图 5-30　高频保护收发信记录表

同时应当对构成高频保护通道的各个设备进行重点检查，检查高频电缆有无破损或虚接、检查结合滤波器、耦合电容器等设备构成的高频通道有无接地等。

设备检查无问题时，检修人员在到达现场后，履行工作许可手续后进一步检查高频收发信机、高频通道及收发信电平。检修人员消除缺陷后，运维人员对高频收发信机进行手动测试，按照验收流程完成设备验收后方可恢复正常运行。

### 三、智能变电站 GOOSE/SV 网络异常处理

智能变电站系统结构一般分为站控层、间隔层和过程层，智能变电站保护装置、测控装置属于间隔层设备，智能一次设备属于过程层设备。与传统综合自动化变电站相比，智能变电站间隔层之间、间隔层与过程层之间采用 GOOSE/SV 网络代替传统电缆进行通信，实现保护装置、测控装置及智能一次设备直接信息的交互。

智能变电站 GOOSE/SV 网络异常时的主要现象为：

（1）保护装置 SV 网络异常，闭锁保护装置，并发送 SV 断链、保护闭锁等相关信号。

（2）保护装置 GOOSE 网络异常时，发 GOOSE 断链信号，保护装置报警灯亮，如图 5-31 所示。

（3）监控后台显示 GOOSE/SV 总告警信号，如图 5-32 所示。

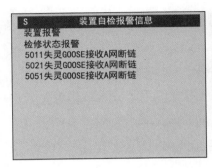 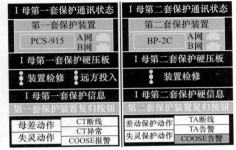

図 5-31　保护装置 GOOSE 断链　　図 5-32　GOOSE 总告警光字牌信息

（4）监控后台 GOOSE/SV 链路图中的状态显示对应的链路中断。GOOSE/SV 网络发生断链的主要原因有装置失电、装置 GOOSE 板件损坏、光纤断开、装置 GOOSE 端口松动、交换机端口故障、交换机失电等原因。运维人员可以开展前期检查：

1）查看并记录保护装置 GOOSE/SV 链路状态，状态中显示对应的断链信息，确定断链的网络连接路径。如图 5-33 所示，220kV 线路保护中，220kV Ⅱ 段母差动作启远跳 GOOSE 接收 A 网断链，该网络的连接路径为：220kV Ⅱ 段母差保护—20 继电保护室中心交换机—220kV 线路保护屏内间隔交换机—220kV 线路保护装置。

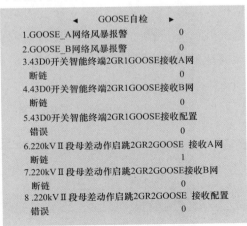

图 5-33　保护装置 GOOSE 链路状态

127

2）查看对应的断链网络中各个设备的运行状况。检查 20 继电保护室中心交换机、220kV 线路保护屏内间隔交换机指示灯状态，如图 5-34 所示，220kV 线路保护屏内间隔交换机指示灯 3 熄灭，表示第 3 路网络链路中断。

图 5-34　GOOSE/SV 网络交换机指示灯状态

3）结合设备链路状态、交换机指示灯状态判断 GOOSE/SV 网络异常的故障点，确定故障点在 GOOSE 发送端、GOOSE 接收端或交换机。在检修人员到达现场后，根据需要将对应的保护装置改为信号状态，履行工作许可手续后由检修人员进一步检查处理。

≫【典型案例】　保护装置采样插件故障，保护误动跳闸

1. 案例描述

2015 年 8 月 13 日 12 时 33 分 11 秒 880 毫秒，500kV 甲乙变电站 0 号备用变压器保护动作，0 号备用变压器高压断路器跳闸。

现场检查一、二次设备情况，0 号备用变压器保护装置动作报告为：12 时 33 分 11 秒 880 毫秒，过流 I 段 L1 动作跳 0 号备用变压器高压断路器，故障相别 C 相，故障电流 4.72A，现场检查 0 号备用变压器高压断路器三相跳闸。

0 号备用变压器高压断路器跳开后，保护装置、后台监控显示 C 相过流 I 段持续多次动作出口大于 10 次，动作电流在 4～14A 之间变化，12 时 53 分 49 秒 663 毫秒返回。保护装置有间歇性异响，如图 5-35 所示。

```
TRIP:      :4 03 04          TRIP:      :4 03 04
    12:33:11:880                 12:53:49:663
         L1                           L1
  C      I:04.72 A            C      I:13.57 P
```

图 5-35　保护装置动作跳闸信息

2. 过程分析

甲乙变电站 0 号备用变压器保护保护装置采用南瑞继保 LFP-962（版本 V1.00，校验码 B917）保护装置，出厂时间 1999 年 7 月 23 日。查阅整定单，0 号备用变压器保护整定过流 I 段：4A，时间：0s。

本次故障保护装置显示故障电流达到 4.72A，达到整定动作值，保护动作出口跳闸。0 号备用变压器高压断路器跳开后，一次系统已无电流流过，但后续 0 号备用变保护装置 C 相过流 I 段持续多次动作出口大于 10 次。

结合现场和保护检查情况，一次系统无明显故障，断路器跳开后，检查保护装置采样时，发现 C 相电流在 0.01～0.17A 之间变化，有时会瞬间会变化到 0.3A 左右，其余两相都为 0，且保护装置伴有异响，初步判断为保护装置故障。

检修工作人员到达现场后，对二次回路进行检查，检查电流回路绝缘正常。LFP-962 装置显示、采样、CPU 均集合在 MONI 板，更换故障装置的 MONI 插件，长时间观察装置 C 相零漂为 0 不再变化，装置异响消失。经校验及传动，装置正常。

综合判断，本次故障的原因为保护装置采样插件故障，引起保护 C 相电流采样突变，达到过流 I 段整定动作电流，误跳运行断路器。

由于继电保护装置投运时间较早，设备老化容易引起继电保护插件故障，500kV 甲乙变电站同型号相关保护还有 1 号主变压器 1 号、2 号低压电抗器，在进行针对性检查时发现 1 号主变压器 1 号低压电抗器 B 相采样为 0，A、C 相为 0.75A，如图 5-36 所示。

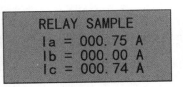

图 5-36 GOOSE/SV 网络
交换机指示灯状态

由于 1 号主变压器 1 号低压电抗器仅有一套保护，运维人员向调度申请将 1 号主变压器 1 号低压电抗器断路器改为冷备用，检修人员对 1 号主变压器 1 号低压电抗器保护更换 MONI 板，进行校验、传动试验，运维人员与检修人员核对定值，检查保护装置无异常，故障消除。

3. 结论建议

本次事故异常属继电保护装置插件故障，对于长时间运行的继电保护设备，装置的各个插件容易发生故障，导致继电保护装置异常。运维人员应当从以下 3 个方面做好继电保护设备的运维及异常处理：

（1）加强对继电保护装置的巡视。日常巡视工作时，不仅应当重视检查继电保护装置的指示灯、状态的检查，同时应当对继电保护装置内部的采样、开入量、报告等信息进行检查，及时发现较为隐蔽的故障。

（2）当继电保护装置发生插件故障时，运维人员应当沉着冷静的分析故障现象，进而判断故障是由哪部分插件引起，分析故障对继电保护装置的正常运行，及时汇报并确定是否涉及一次、二次设备停役。

（3）按照运维一体化的工作要求，运维人员可进行初步的故障检查和处理，无法消除缺陷时，应当待检修人员到达，履行工作的许可、终结手续，对消缺情况仔细验收通过后，方可恢复正常运行。

# 任务四　监控自动化设备典型异常处理

## 》【任务描述】

本任务对监控自动化遥信异常变位、遥测数据异常、通信异常三类典型故障现象和处理措施进行讲解。通过故障分析进行逐步排查，熟悉监控自动化设备的常见异常，掌握监控自动化设备异常的故障检查方法，了解监控自动化设备异常处理的安全措施和注意事项，提升运维人员对监控自动化设备异常处理能力。

## 》【知识要点】

监控自动化系统作为变电站的远程监控设备，当发生异常时将失去对现场一、二次设备部分监控功能。此时，应当加强对变电站设备的巡视，及时对故障进行分析和判断，尽快消除异常和缺陷。

（1）监控自动化遥信异常变位的原因包括开入量回路异常、测控装置开入插件异常、监护后台及远动异常。

（2）监控自动化遥测数据异常的原因包括测量回路异常、测控装置交流插件异常、监护后台及远动异常。

（3）监控自动化通信异常包括网络通信设备异常、测控装置异常、监护后台及远动异常。

## 》【技能要领】

### 一、遥信异常变位处理

变电站监控自动化设备遥信数据，通过变电站测控装置，采集现场一、二次设备的相关位置、告警等相关信息，上送至变电站监控后台及远方调度，用以监视变电站一、二次设备的运行状况。

当变电站的某一个遥信异常时，会导致对该信号失去监视，当变电站某一个间隔的遥信异常时，将失去对该间隔一、二次设备的运行状况的监视功能。当设备发生异常或事故跳闸时，无法及时发现并进行处理，严重影响变电站的安全稳定运行。

变电站监控自动化设备遥信数据异常，会在变电站监控后台及远方调度发出遥信变位信息，变电站测控装置内的开入信息显示对应的开入量为0，如图 5-37 所示。

运维人员在发现监控后台遥信变位信息，对该信号失去监视，应当加强对现场一、二次设备的巡视，并及时进行检查，确定遥信异常的故障点：

（1）运维人员遥信变位信息时，应立即前往继电保护小室内，检查测控装置的开入量是否正常。如果测控装置的开入量显示正常，但监控后台的遥信异常，则遥信异常的原因可能为通信、

| 遥信状态 | |
| --- | --- |
| 置检修 | = 0 |
| 解除闭锁 | = 0 |
| 远方/就地 | = 0 |
| 手合同期 | = 0 |
| 开入 5 | = 0 |
| 开入 6 | = 0 |
| 开入 7 | = 0 |
| 开入 8 | = 0 |

图 5-37　测控装置开入量异常

监控后台数据链接或配置问题。

（2）当检查发现，测控装置的开入量同样出现异常时，需进一步开展检查，判断是测控装置开入插件异常，或者是遥信回路异常。可通过万用表测量遥信回路电压的方法进行判断。

（3）测量异常遥信回路公共端电压，公共端电压应当为直流电压正电；测量异常遥信回路的开入端电压，当该遥信量为 1 时，遥信回路的开入端电压为直流正电，当该遥信量为 0 时，遥信回路的开入端电压为直流负电。

（4）若检查遥信回路直流电压正常，则故障点位于测控装置开入插件，应当在检修人员到达现场后，履行工作许可手续后由检修人员进一步检查处理，按监控自动化设备验收相关要求检查无异常后，消除缺陷。

（5）智能变电站的测控装置、保护装置通过光纤采集相关的遥信数据，当出现遥信变位信息时，应当在现场智能终端通过万用表测量遥信回路电压进行判断。若检查遥信回路直流电压正常，可通过网络报文分析仪检查现场智能终端的遥信报文。若智能终端的遥信报文正常，则故障点位于测控装置；若智能终端的遥信报文异常，则故障点位于智能终端。

（6）监控自动化设备遥信异常变位处理时，如需停用测控装置，应当向电网调度自动化提出申请，封锁相关遥测、遥信、遥控部分功能，并取下测控装置的出口压板，将远方/就地切换开关切至就地位置，如图 5-38 所示。

图 5-38　取下测控装置出口压板并切换远方/就地开关

## 二、遥测数据异常处理

变电站监控自动化设备的遥测数据，通过变电站测控装置，采集相关的交直流测量数据，上送至变电站监控后台及远方调度。当变电站的某遥测数据异常时，将失去对该数据的监测，测控装置、变电站监控后台及远方调度的相关遥测量异常，如图 5-39 所示。

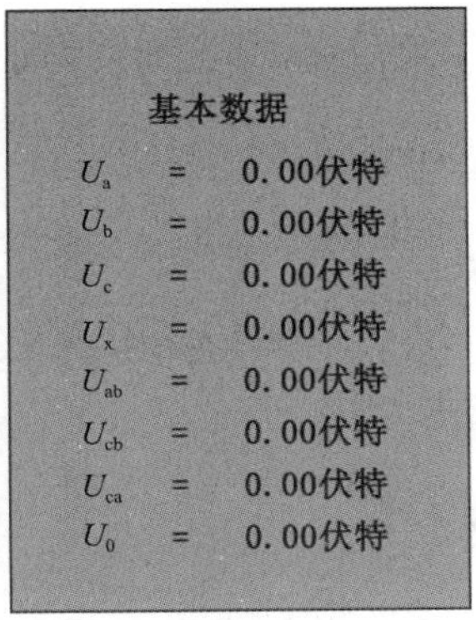

当变电站监控自动化设备的遥测数据异常

| 基本数据 | | |
|---|---|---|
| $U_a$ | = | 0.00伏特 |
| $U_b$ | = | 0.00伏特 |
| $U_c$ | = | 0.00伏特 |
| $U_x$ | = | 0.00伏特 |
| $U_{ab}$ | = | 0.00伏特 |
| $U_{cb}$ | = | 0.00伏特 |
| $U_{ca}$ | = | 0.00伏特 |
| $U_0$ | = | 0.00伏特 |

图 5-39　测控装置遥测数据故障

时，有可能是交流电流回路开路、交流电压回路短路接地等一系列严重故障，因此应当立即开展相关检查，确定故障点：

（1）运维人员监控后台遥测数据异常时，应立即前往继电保护小室内，检查测控装置的遥测量是否正常。如果测控装置的遥测量显示正常，但监控后台的遥测异常，则遥信异常的原因可能为通信、监控后台数据链接或配置问题。

（2）当检查发现，测控装置的遥测量同样出现异常时，需进一步开展检查，判断是测控装置交流插件异常还是遥测回路异常。可通过万用表、钳形电流表测量遥测回路数据的方法进行判断。

（3）当交流电压遥测数据异常时，首先检查对应的交流电压小开关是否跳开，并利用万用表测量交流电压回路电压，判断交流电压测量回路是否正常。若检查遥测回路电压正常，则故障点位于测控装置交流插件，应当在检修人员到达现场后，履行工作许可手续后由检修人员进一步检查处理，按监控自动化设备验收相关要求检查无异常后，消除缺陷。

（4）当交流电流遥测数据异常时，首先检查测量用交流电流回路是否有放电异响、火花等异常现象，并利用钳形电流表测量交流电流回路电流，判断交流交流测量回路是否正常。若检查遥测回路交流正常，则故障点位于测控装置交流插件，应当在检修人员到达现场后，履行工作许可手续后由检修人员进一步检查处理，按监控自动化设备验收相关要求检查无异常后，消除缺陷。

（5）智能变电站的测控装置、保护装置通过光纤采集相关的遥测数据，当出现遥测数据异常时，应当在现场合并单元出通过测量遥测回路数据进行判断。若检查遥测回路数据正常，可通过网络报文分析仪检查现场合并单元的 SV 报文。若合并单元的 SV 报文正常，则故障点位于测控装置；若合并单元的 SV 报文异常，则故障点位于合并单元。

（6）监控自动化设备遥测数据异常处理时，如需停用测控装置，应当向电网调度自动化提出申请，封锁相关遥测、遥信、遥控部分功能，并取下测控装置的出口压板，并将远方/就地切换开关切至就地位置。

### 三、监控自动化设备通信异常处理

变电站监控自动化设备通信异常时，相关的遥测、遥信数据全部中断，对变电站的运维监控造成重大影响。当发生监控自动化设备通信异常是应当加强对设备的巡视，及时进行检查处理：

（1）检查变电站监控后台的相关遥测、遥信及通信状态，确定发生通信异常的监控自动化设备。

（2）前往继电保护小室内，检查对应的设备是否正常，判断异常产生的原因为监控自动化设备异常还是网络通信设备。

（3）检查监控自动化设备有无异常告警信息。当测控装置电源故障，测控装置电源灯灭，如图 5-40 所示；当测控装置通信插件故障，测控装置报警灯亮，并显示相关报警报文。变电站监控后台显示通信中断，开关量变为不定态，电流电压采样值变 0，监控后台"测控装置故障"光字牌亮。

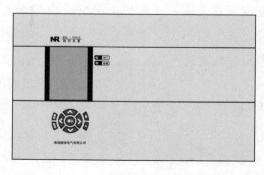

图 5-40　测控装置电源插件故障

（4）如果监控自动化设备无插件异常，造成通信异常的故障点可能位于网络通信设备，应当检查网络链路上相关的交换机端口、网线连接情况等是否正常。

（5）监控自动化设备通信异常处理时，如需停用测控装置，应当向电网调度自动化提出申请，封锁相关遥测、遥信、遥控部分功能，并取下测控装置的出口压板，并将远方/就地切换开关切至就地位置。

## 》【典型案例】

### 1. 案例描述

2015 年 2 月以来，丙丁变电站监控后台多个间隔（包括 500kV、220kV 及 35kV 设备）的测控装置 AM1703 频繁报"××间隔 CP1021 异常"，省监控在远方遥控 35kV 电容器或电抗器时，会经常出现遥控失败的情况。

现场检查发现测控装置 CP1001 插件上的"COM"灯频繁点亮、熄灭，同时测控装置面板上的"ER"灯也相应地频繁点亮、熄灭，某些间隔的"INT"灯常亮。图 5-41 所示为测控装置面板"ER"灯点亮情况。图 5-42 所示为测控装置面板"COM"及"INT"灯点亮情况。

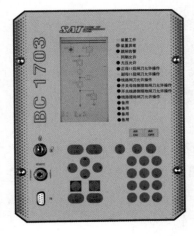

图 5-41　"ER"灯点亮情况　　　图 5-42　"COM"及"INT"灯点亮情况

## 2. 过程分析

从装置的信号灯看，"COM"灯频繁闪烁，表明该测控装置与其中的某个或多个间隔频繁通信中断、恢复。通过专用工具进行诊断，诊断信息表明该测控装置与南瑞科技的远动装置NSC300频繁通信中断、恢复。处理措施为：

（1）某变远动装置NSC300共两台，申请停用其中一台远动装置，并封锁该装置的通道数据。

（2）检修人员进行检查处理，对该台NSC300远动装置程序升级。

（3）申请恢复该远动装置通道，并停用另一台远动装置及通道。

（4）检修人员对另一台远动装置程序升级。

（5）恢复远动装置正常运行，与网调、省调自动化核对了遥测、遥信数据，并要求省调监控远程遥控了35kV电容器、电抗器间隔断路器，"三遥"等各项功能正常。

## 3. 结论建议

本次事故异常属监控自动化设备通信故障，故障的原因为远动装置程序异常造成测控装置与远动通信频繁中断。由于故障点位于远动装置，在处理时应当重点注意以下三点：

（1）变电站远动系统负责与电网调度的通信联系，500kV变电站中配置两套远动系统，在进行远动装置消缺工作时，应当逐台进行消缺，不可同时开展两台远动消缺工作，避免造成调度远动通信全部中断。

（2）远动装置消缺工作时，应当要求调度封锁该装置通道的相关数据，防止在远动装置消缺工作开展时向调度误报异常信号，影响调度监控部门正常监盘。

（3）远动装置消缺如果涉及到远动的信息点表以及远动设备的系统程序，应当在消缺工作完成后与调度部门开展相关的信息联调工作，在涉及遥控联调时，应当做好相关安全措施，取下变电站内测控装置的遥控出口压板并将测控装置远方就地切换开关切至就地状态。

项目六

# 二次回路及故障录波读图

>> 【项目描述】

本项目包含二次回路读图、故障录波图分析两部分内容。通过原理介绍、关键知识点讲解、典型案例分析，了解故障录波图及二次回路图的构成、功能和分类，掌握二次测量回路、继电保护回路、断路器控制及信号回路、操作电源回路等二次回路的读图方法，提高分析二次回路异常和故障的能力；掌握故障录波图中模拟量、开关量及时间节点的读取方法，学会根据波形特征和故障测距判断故障性质，协助进行故障分析和处理。

# 任务一　电流回路、电压回路读图

>> 【任务描述】

本任务主要讲解电流、电压回路部分，通过图解示意的方式，了解电流回路、电压切换回路的构成，熟悉电流电压回路走向，掌握电流回路、电压回路中存在的危险点，提高作业安全系数。

>> 【知识要点】

交流电流、电压回路是继电保护二次回路重要组成部分，变电站内的继电保护及安全自动装置绝大多是根据故障时电压与电流电气量的变化而工作的，所以电压、电流回路在二次回路中尤为重要。

>> 【技能要领】

## 一、电流回路

以某 500kV 变电站某 220kV 线路保护为例，如图 6-1 所示，交流电流回路的连接关系为电流互感器本体接线盒→TA 端子箱→CSC-122A 断路器保护→CSC-101A 线路保护→录波屏。如图 6-2 所示，交流电流回路的连接关系为 TA 本体接线盒→TA 端子箱→PSL601G 线路保护。

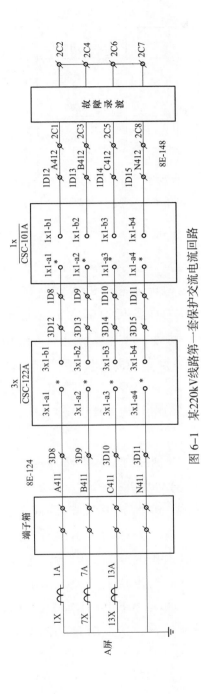

图 6-1 某220kV线路第一套保护交流电流回路

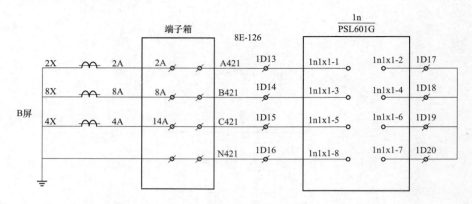

图 6-2  某 220kV 线路第二套保护交流电流回路

注意事项：

（1）电流回路严禁开路。电流互感器的二次回路不允许开路，否则将产生危险的高电压。因为电流互感器二次回路在运行中开路时，其一次电流均成为励磁电流使铁芯中的磁通密度急剧上升，从而在二次绕组中感应高达数 kV 的感应电动势，严重威胁设备本身和人身的安全。这就要求回路各个连接环节的螺丝必须紧固，连接二次线无断线或接触不良，同时回路的末端必须可靠短接好，如图 6-1 中的录波屏处 2C2、2C4、2C6、2C7 端子和图 6-2 中的 PSL601G 保护屏处 1D17、1D18、1D19、1D20 端子。

（2）每组二次绕组的 N 回路有且只能有一点接地，严禁多点接地。电流互感器的二次回路必须有一点直接接地，这是为了避免当一、二次绕组间绝缘击穿后，使二次绕组对地出现高电压而威胁人身和设备的安全。同时，二次回路中只允许有一点接地，不能有多点接地，否则会由于地中电流的存在而引起继电保护的误动。因为一个变电站的接地网并不是一个等电位面，在不同点间会出现电位差。当大的接地电流注入接地网时，各点的电位差增大。如果一个电回路在不同的地点接地，地电位差将不可避免地进入这个电回路，造成测量的不准确，严重时，会导致保护误动。

## 二、电压回路

以某 500kV 变电站中 220kV 线路保护为例，交流电压回路的连接关系为电压互感器接线盒→TV 端子箱→TV 测控柜→保护屏。该回路经过了两次电压切换，一次是在 TV 测控柜，另一次由保护屏内的电压切换装置完成。为防止隔离开关辅助接点异常造成 TV 二次失压，通常采用双位置接点切换。如图 6-3 所示，切换前电压回路编号分别为 A、B、C630 及 A、B、C640，切换后则为 A、B、C720，切换后电压提供给保护装置。

电压切换回路（以 CZX-12 型为代表）：

（1）图 6-4 是线路或主变压器间隔的切换图。线路运行在某一母线，该母线刀闸合上，导通电源，4D169 或 4D170 和 1ZZJ 或 2ZZJ 动作。1ZZJ 与 2ZZJ 是普通电磁型继电器，一般用型号 DZY-207，用于计度电压的切换。

（2）图 6-5 是 CZX-12 型操作箱内部回路。1YQJ1 与 2YQJ1 是自保持型继电器。$\boxed{\text{I}\ }$ 是动作线圈，$\boxed{\ \text{II}}$ 是返回线圈。运行于 I 母时，1YQJ1 动作，2YQJ1 返回，运行于 II 母时，2YQJ1 动作，1YQJ1 返回，这样母线电压如图 6-5 就切换进保护装置。自保持继电器动作后必须要返回线圈通电才能返回，可以防止运行中隔离开关的辅助触点断开导致电压消失，保护误动。1YQJ2 与 2YQJ2 是普通继电器，用于信号回路，如图 6-6 所示。

注意事项：

（1）电压互感器在运行中二次侧不能短路，因为这样不仅使二次电压降为零，而且要在一、二次绕组中流过很大的短路电流，短路电流会烧毁电压互感器。

（2）电压互感器的二次绕组有且只能有一点接地，以保证安全。其接地点的地方选取应遵守以下原则：

1）独立的、与其他互感器没有电的联系的电压互感器二次回路，可以在控制室内也可在断路器场端子箱内实现一点接地。

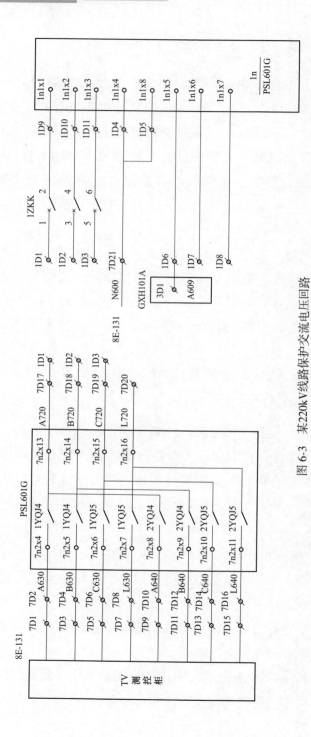

图 6-3　某220kV线路保护交流电压回路

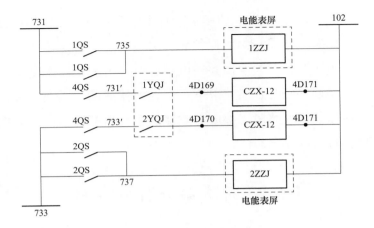

图 6-4 电压切换回路

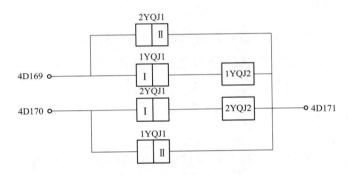

图 6-5 电压切换回路操作箱内部图

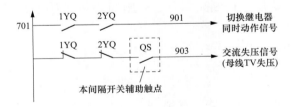

图 6-6 电压切换信号回路图

2）经控制室 N600 联通的几组电压互感器二次回路，只应在控制室实现 N600 一点直接接地，其他地方不能再有第二点直接接地。

（3）必须严防二次回路反充电。通过电压互感器二次侧向不带电的母线充电称为反充电。由于反充电电流较大（反充电电流主要决定于电缆电

143

阻及两个电压互感器的漏抗），将造成运行中电压互感器二次侧快分断路器跳开或熔断器熔断，使运行中的保护装置失去电压，可能造成保护装置的误动或拒动。电压互感器二次回路通电试验时，为防止二次侧向一次侧反充电，应将二次回路断开，还应取下一次熔断器或断开隔离开关。在设计手动和自动电压切换回路时，都应有效地防止在切换过程中对一次侧停电的电压互感器进行反充电。

# 任务二　断路器分合闸回路

## 》【任务描述】

本任务主要讲解断路器分、合闸回路，将通过图例分析的方式，了解分、合闸回路的构成，熟悉断路器分、合闸回路的流程，掌握断路器分、合闸回路中的故障分析能力。

## 》【知识要点】

电气高低压断路器是电力系统最常用最重要的电气设备，关系电力系统的稳定运行，而分、合闸回路的正确与否直接关系到一次断路器设备的正确可靠运行，所以掌握断路器分、合闸回路非常有必要。

## 》【技能要领】

以 220kV 操作回路为例进行讲解，如图 6-7 所示。首先明确一些电气符号的含义：TWJ 为跳闸位置继电器；HWJ 为合闸位置继电器；HBJI 为合闸保持继电器，电流线圈启动；TBJI 为跳闸保持继电器，电流线圈启动；TBJV 为跳闸保持继电器，电压线圈保持；KK 为手动跳合闸把手断路器；QS1 为断路器辅助动合接点；QS2 为断路器辅助动断接点。

（1）当断路器运行时，QS1 断开，QS2 闭合。HD、HWJ、TBJI 线圈、TQ 构成回路，HD 亮，HWJ 动作，但是由于各个线圈有较大阻值，使得 TQ 上分的电压不至于让其动作，保护跳闸出口时，TJ、TYJ、TBJI 线圈、TQ 直接勾通，TQ 上分到较大电压而动作，同时 TBJI 接点动作自保持 TBJI 线圈一直将断路器断开才返回（即 QS2 断开）。

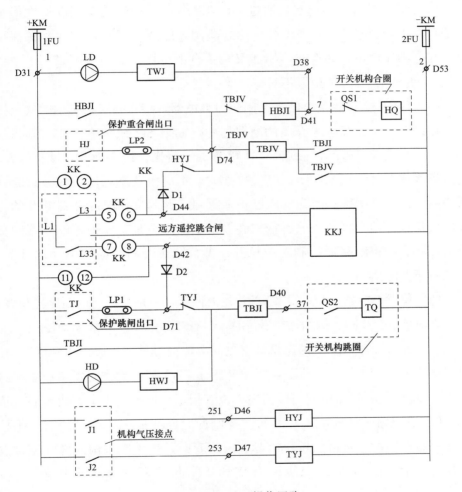

图 6-7 220kV 操作回路

（2）合闸回路原理与跳闸回路相同。

（3）在合闸线圈上并联了 TBJV 线圈回路，这个回路是为了防止在跳闸过程中又有合闸命令而损坏机构。例如：合闸后合闸接点 HJ 或者 KK 的 5、8 粘连，断路器在跳闸过程中 TBJI 闭合，HJ、TBJV 线圈、TBJI 勾通，TBJV 动作时 TBJV 线圈自保持，相当于将合圈短接了（同时 TBJV 闭接点断开，合闸线圈被隔离）。这个回路叫防跳跃回路，防止断路器跳跃的意思，简称防跳跃。

（4）KKJ 是合后继电器，通过 D1、D2 两个二极管的单相导通性能来保证只有手动合闸才能让其动作，手动跳闸才能让其复归，KKJ 是磁保持继电器，动作后不自动返回，KKJ 又称手合继电器，其接点可以用于"备自投""重合闸""开关位置不对应"等。

（5）HYJ 与 TYJ 是合闸和跳闸压力继电器，接入断路器机构的气压接点，在以 $SF_6$ 为灭弧绝缘介质的断路器中，如果 $SF_6$ 气体有泄露，则当气体压力降至危及灭弧时该接点 J1 和 J2 导通，将操作回路断开，禁止操作。这里应该注意：当气压低闭锁电气操作时，不应该在现场用机械方式断开断路器，气压低闭锁是因为气压已不能灭弧，此时任何将断路器断开的方法性质是一样的，容易让灭弧室炸裂。正确的方法是，先把该断路器的负荷去掉之后，将断路器控制电源拉开，再解锁拉开断路器两侧隔离开关，将该断路器隔离。

（6）位置继电器 HWJ、TWJ 的作用有两个，一是显示当前断路器位置；二是监视跳、合线圈。例如，在运行时，只有 TQ 完好，TWJ 才动作。

（7）操作回路最重要的也是最常见的故障信号是"控制回路断线"，控制回路断线原理如图 6-8 所示，当 HWJ 与 TWJ 都不动作时发"控制回路断线"，现象是断路器位置信号消失，位置指示灯熄灭，光字牌或者后台机发信号，保护报"THWJ"信号等。控制回路断线故障原因一般有：①控制熔断器损坏；②断路器断开状态下未储能；③气压低机构内部气压接点断开操作回路；④跳、合线圈有烧坏；⑤断路器辅助接点接触不良；⑥TWJ 或 HWJ 线圈被烧坏等。

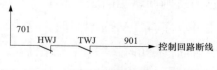

图 6-8　控制回路断线信号回路图

# 任务三 保护开入开出回路

## ≫【任务描述】

本任务主要讲解开入开出回路，通过图例分析的方式，了解开入开出回路的构成，熟悉开入开出回路的流程，掌握分析开入开出回路故障异常的能力。

## ≫【知识要点】

开入量来自保护装置外部的接点，供保护装置使用，采集现场断路器、隔离开关位置等信息。开出量是保护装置向外部提供的接点，是保护装置继电器接点输出，控制现场的断路器、隔离开关的分合。

## ≫【技能要领】

### 一、开关量输入回路

以某 500kV 变电站内的 220kV Q 线为例，如图 6-9 所示，双重保护配置为四方公司的 CSC-101A 保护装置和南自的 PSL-601G 保护装置，另外配置了四方的 CSC-122A 断路器保护装置。CSC-101A 装置的 1X4-C4、1X4-C6、1X4-C8 端子，PSL-601G 装置的 1n6X1、1n6X2、1n6X3 端子，CSC-122A 装置的 3X4-C4、3X4-C6、3X4-C8 端子均分别为 A、B、C 三相的分相跳闸位置继电器接点（TWJa、TWJb、TWJc）输入，由操作箱提供。通常位置接点的作用有重合闸（不对应启动重合闸、单重方式是否三相跳开）、TV 断线判别、跳闸位置停信。

PSL-601G 装置的 1n5X3、1n5X4 端子，CSC-122A 装置的 3X4-a14、3X4-c18 端子分别为闭锁重合闸、低气压闭锁重合闸、其他外部闭锁重合闸输入。

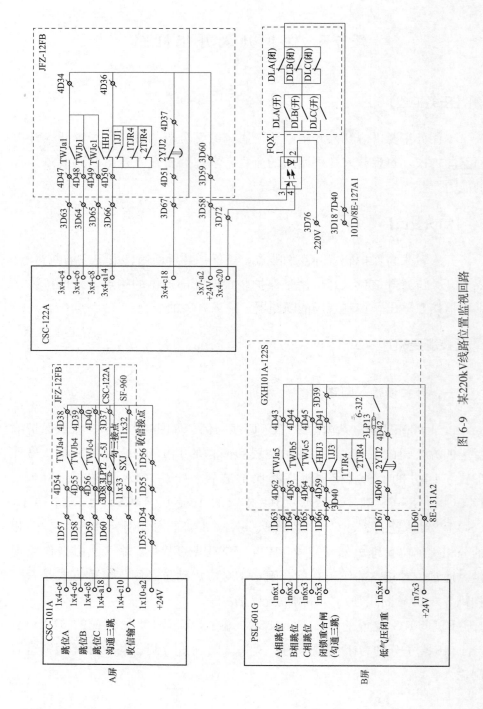

图 6-9　某220kV线路位置监视回路

CSC-122A 装置的 3X4-c20 端子为断路器三相不一致输入，直接取场地断路器辅助接点。该开入接点闭合时，CSC-122A 装置的三相不一致保护启动，在判别零序或负序电流条件满足后，将出口三跳。

如图 6-10 所示，Q 线采用 CSC-122A 装置的重合闸功能，保护 A 屏的 CSC-101A 保护单跳及三跳启动重合闸及保护 B 屏的 PSL601G 保护单跳及三跳启动重合闸并联到 CSC-122A 装置的单跳、三跳启动重合闸开入处，完成保护启动重合闸功能。

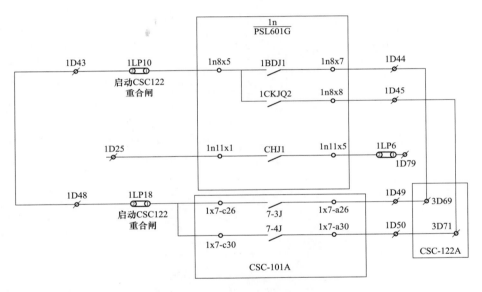

图 6-10　某 220kV 线路重合闸回路

图 6-11 为断路器压力低闭锁跳闸、闭锁合闸、闭锁重合闸的开入回路，当压力低闭锁跳闸开入接点闭合时，1YJJ1、YJJ2、YJJ3 继电器线圈被短接而失磁，其串在跳闸回路的动合接点将打开，导致跳闸回路断开，从而闭锁跳闸。同理，当闭锁合闸、闭锁重合闸的开入接点闭合时，3YJJ、2YJJ 继电器线圈被短接失磁，3YJJ 继电器的接点将合闸回路断开，以此闭锁断路器合闸，2YJJ 的动断接点闭合开入至 CSC-122A 装置的重合闸闭锁端子，给重合闸放电，实现重合闸闭锁。

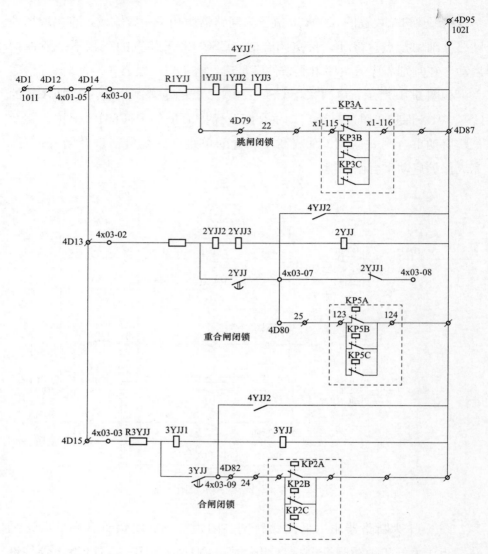

图 6-11　某 220kV 线路闭锁合闸、重合闸回路

　　图 6-12 为 $SF_6$ 压力低闭锁开入回路，该开入接点闭合时，使 4YJJ1、4YJJ2、4YJJ3、4YJJ4 继电器线圈励磁，其并接 1YJJ、2YJJ、3YJJ 继电器线圈两端的常开接点闭合，同时将 1YJJ、2YJJ、3YJJ 继电器线圈短接，从而闭锁断路器的跳闸、合闸及重合闸。

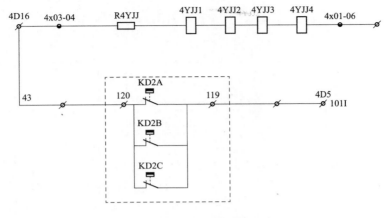

图 6-12 SF$_6$ 压力低闭锁回路

### 二、开关量输出回路

保护装置的开出接点，可分为多组，其中一组接入断路器控制回路控制跳合闸；一组用于启动失灵保护；一组则接入故障录波；另一组接入线路测控装置，给监控系统提供监控信号。

图 6-13 为保护 A 屏的跳闸回路，CSC-101A 装置的 7-TAJ1、7-TBJ1、7-TCJ1 出口接点分别通过压板 1LP1、1LP2、1LP3 的控制后直接接入到第一路 A 相、B 相、C 相跳闸回路，其 7-1J、7-2J 出口接点串接 1LP4、1LP5 压板后接入到操作箱的 TJQ、TJR 继电器，TJQ、TJR 继电器励磁后，其串接在 A、B、C 相跳闸回路的动合接点同时闭合，实现三跳、永跳。

图 6-14 为保护 B 屏跳闸回路，CSC-101A 装置的 1CKJA1、1CKJB1、1CKJC1、出口接点分别通过压板 1LP1、1LP2、1LP3 的控制后直接接入到第二路 A 相、B 相、C 相跳闸回路，其 1CKJQ1、1CKJR1 出口接点串接 1LP4、1LP5 压板后接入到操作箱的 TJQ、TJR 继电器，TJQ、TJR 继电器励磁后，其串接在 A、B、C 相跳闸回路的动合接点同时闭合，实现三跳、永跳。

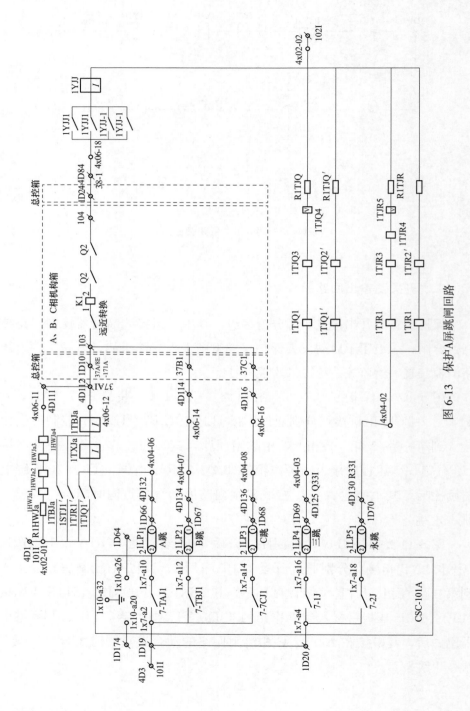

图 6-13　保护 A 屏跳闸回路

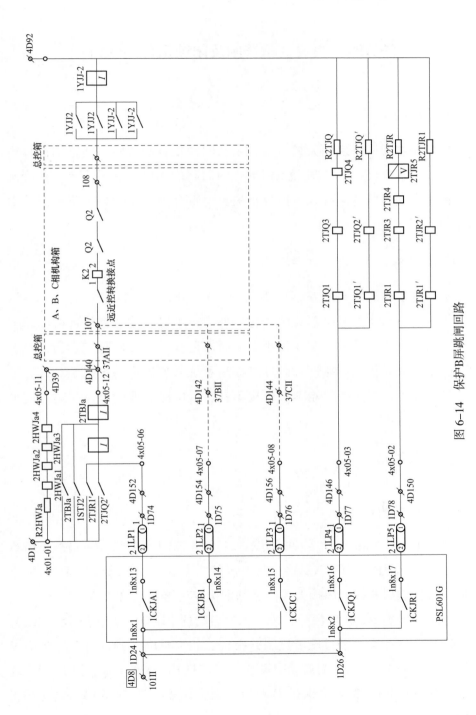

图 6-14 保护 B 屏跳闸回路

# 任务四　失灵、重合闸及闭锁重合闸回路

## 》【任务描述】

本任务主要讲解启动失灵与重合闸及闭锁重合闸回路，通过图例分析的方式，了解失灵、重合闸及闭锁重合闸回路的构成，熟悉失灵、重合闸及闭锁重合闸回路的流程，掌握分析失灵、重合闸及闭锁重合闸回路故障的能力。

## 》【知识要点】

当系统发生故障，断路器因失灵拒绝跳闸时，通过故障元件的保护，作用于本变电站相邻断路器跳闸，有条件的还可以利用通道使远端断路器同时跳闸，将停电范围限制在最小，从而保证整个电网的稳定运行。重合闸回路不仅提高供电可靠性，而且可提高系统并列运行的稳定性和线路输送容量，还可以纠正断路器本身机构不良、继电保护误动以及勿碰引起的跳闸。

## 》【技能要领】

### 一、失灵回路

图 6-15 为 220kV 失灵回路图，A 屏 CSC-101A 装置的输出接点 1CKJA2、1CKJB2、1CKJC2 接点与 B 屏的 7-TAJ1、7-TBJ1、7-TCJ1 接点经过压板控制后并接，串接失灵电流判别接点后再分别启动 A、B、C 相失灵，分别由保护 A、B 屏保护三跳、永跳启动的 1TJQ3、1TJR3 及 2TJQ3、2TJR3 也并接起来，经过压板控制并串接三相失灵电流判据后开入到失灵屏启动三相失灵。3LP6 为启动失灵总压板，1LP7 为第一套保护 A 相启动失灵压板、1LP8 为第一套保护 B 相启动失灵压板、1LP9 为第一套保护 C

154

相启动失灵压板、1LP11 为第二套保护 A 相启动失灵压板、1LP13 为第二套保护 B 相启动失灵压板、1LP14 为第二套保护 C 相启动失灵压板。

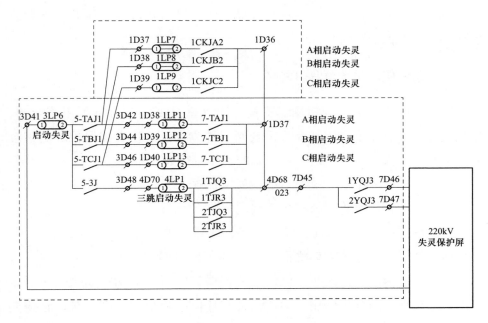

图 6-15 某 220kV 线路失灵回路

以 BP—2B 母差保护为例，母差失灵出口回路如图 6-16 所示。

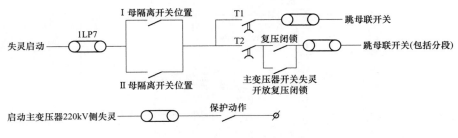

图 6-16 母差失灵出口回路

从断路器保护装置接入的失灵启动接点通过 1LP7 压板（该压板与保护屏上失灵启动母差压板为串联关系），经过隔离开关位置判断，第一延时跳母联断路器，第二延时跳相应母线上所有设备。若为主变压器 220kV 失灵保护，则除了失灵启动的开入外，同时还有闭锁相应母差复压闭锁开入。

在 500kV 系统中断路器失灵保护动作判据为：有关出线元件保护动作、断路器 TA 有故障电流。断路器失灵保护动作后，短时限出口再次三跳该断路器一次，长时限出口跳相邻断路器，跳所在母线上所有断路器或启动主变压器保护联跳。

## 二、重合闸及闭锁重合闸回路

220kV 断路器属于分相操作机构，因此重合闸方式就分停用重合闸、单相重合闸，三相重合闸和综合重合闸四种方式，由装设在保护屏的重合闸把手断路器人工切换。这四种方式的动作特征如下：

（1）单重：单相故障单跳单重，多相故障三跳不重。

（2）三重：任何故障都三跳三重。

（3）综重：单相故障单跳单重，多相故障三跳三重。

（4）停用：单相故障单跳不重，多相故障三跳不重。

注意，选择停用方式时，仅仅是将该保护的重合闸功能闭锁，而不是三跳，如果重合闸全部停用，为了保证在任何故障情况下都三跳，必须把"勾通三跳压板"投上，整个回路如图 6-17 所示。

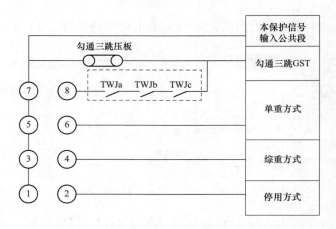

图 6-17　重合闸方式选择回路简图

勾通三跳信号闭锁了重合闸，相当于把重合闸放电，切换在单重方式时引入断路器跳位接点是为了当断路器三跳时也能闭锁重合。

在 220kV 路器的操作回路中，还设有跳闸 R 端子和跳闸 Q 端子。它们是为外部其他保护对本断路器跳闸出口接点而设计。跳闸后要启动重合闸的其他保护出口接点接 Q 端子，跳闸后将重合闸闭锁的接 R 端子（如母差跳闸）。

# 任务五　隔离开关控制回路

## 》【任务描述】

本任务主要讲解隔离开关的控制回路，通过图例分析，了解隔离开关控制回路的构成，熟悉控制回路中的原理，掌握分析控制回路故障的能力。

## 》【知识要点】

隔离开关的作用是形成明显的断开点，用以保障工作人员人身安全，但是隔离开关本身没有灭弧机构，所以不允许用来切换和接通负载电流，故通过在控制回路中增加闭锁回路来杜绝误操作的发生。

## 》【技能要领】

以图 6-18 为例对隔离开关控制回路进行分析。

（1）就地合闸回路：交流 L220V→XT11→QF2（控制电源空气开关）→SB3（停止按钮）→断路器和接地断路器辅助接点→SA1①②（转换断路器在就地位置）→SB1①②（就地合闸按钮）→XT22→KM1（接触器）A1、A2→KM2（接触器动断接点）51、52→SP1（行程断路器受力断开接点）→KT（热保护器）96、95→KL（断相与相序保护器）5、6→SP5（行程断路器）①②→QF2→N→XT13。

（2）就地分闸回路：交流 L220V→XT11→QF2（控制电源空气开关）→SB3（停止按钮）→断路器和接地断路器辅助接点→SA1①②（转换断路器

在就地位置）→SB2①②（就地分闸按钮）→XT17→KM2（接触器）A1、A2→KM1（接触器动断接点）51、52→SP2（行程断路器受力断开接点）→KT（热保护器）96、95→KL（断相与相序保护器）5、6→SP5（行程断路器）①②→QF2→N→XT13。

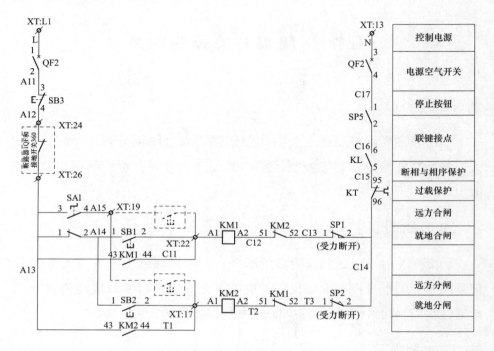

图 6-18　隔离开关控制回路

（3）远方合闸回路：交流 L220V→XT11→QF2（控制电源空气开关）→SB3（停止按钮）→断路器和接地断路器辅助接点→SA1③④（转换断路器在远方位置）→XT19→测控装置内部接点（由后台机发令操作）→XT22→KM1（接触器）A1、A2→KM2（接触器动断接点）51、52→SP1（行程断路器受力断开接点）→KT（热保护器）96、95→KL（断相与相序保护器）5、6→SP5（行程断路器）①②→QF2→N→XT13。

（4）远方分闸回路：交流 L220V→XT11→QF2（控制电源空气开关）→SB3（停止按钮）→断路器和接地断路器辅助接点→SA1③④（转换断路器在远方位置）→XT19→测控装置内部接点（由后台机发令操作）→XT17→

KM2（接触器）A1、A2→KM1（接触器动断接点）51、52→SP2（行程断路器受力断开接点）→KT（热保护器）96、95→KL（断相与相序保护器）5、6→SP5（行程断路器）①②→QF2→N→XT13。

# 任务六　故障录波读图

## 》【任务描述】

本任务主要讲解故障录波图中模拟量、开关量及时间节点的读取方法，电压、电流相位关系判别，故障测距等。通过关键知识点讲解、典型案例分析，了解故障录波读图方法，学会根据波形特征、故障测距以及故障量和开关量的变化情况，正确判断故障性质，分析保护及自动装置的动作行为，准确快速确定故障点。

## 》【知识要点】

电力系统发生故障或扰动时，接入的故障录波器迅速自动启动录波，记录下故障发生前一小段时间直至系统恢复正常的这段时间内系统的电气量及状态量变化，具有信息数据采集、存储分析及波形输出等功能。

1. 模拟量及开关量

故障录波器的接入通道包括模拟量通道和开关量通道。模拟量通道接入间隔电流、电压等模拟量，开关量通道接入保护及自动装置动作、断路器位置、通道状态等开关量。结合分析故障录波图中模拟量和开关量变化情况，可以判断故障性质及保护、自动装置动作行为。

2. 故障时间节点

故障录波图中，电压、电流波形和开关量状态沿时间轴展开，可以读取任何波形或开关量变化处的时间，协助分析故障过程，判断保护及断路器动作行为是否正确。

3. 故障测距

根据故障时线路电压、电流量及其相位关系，在已知线路参数的情况下，可以计算故障距离，确定故障点位置，称为故障测距。目前使用的故障录波器均有此功能。

## ≫【技能要领】

### 一、故障录波图记录的故障量

根据《电网故障录波器技术准则》要求，故障录波图记录相应间隔故障期间的模拟量和开关量，如图 6-19 所示。

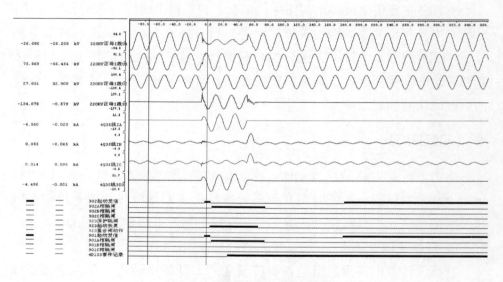

图 6-19　故障录波记录的故障量

模拟量包括三相电流 $I_A$、$I_B$、$I_C$ 及零序电流 $3I_0$，三相电压 $U_A$、$U_B$、$U_C$ 及零序电压 $3U_0$。

开关量包括断路器三相位置，保护分相跳闸信号，重合闸动作信号及闭锁重合闸信号，纵联保护的通道信号等。

具体情况因地而异，以现场实际为准。

### 二、电压、电流量读取及相位判别

在故障录波图中，通过游标定位、显示选项设置等方法，可以测量故障期间电流、电压的幅值和有效值，以及不同模拟量通道的相位差。

如图 6-20 所示，左侧第一列数值，为该波形红色游标所在位置的读数；左侧第二列数值，为该波形蓝色游标所在位置的读数；左侧第三列为通道名称；横坐标为时间轴。每条模拟量通道左侧的纵向标尺，即为该通道模拟量的最大峰值。

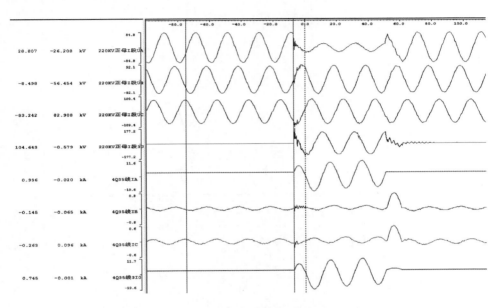

图 6-20 故障录波图的模拟量

故障发生后，A 相电流明显增大为故障电流，A 相电压明显降低。而非故障 B、C 相电流、电压基本没有变化。

**（一）故障电流测量**

如图 6-21 所示，将红色游标移至故障电流 $I_A$ 最大幅值处，此时 $I_A$ 通道最左侧的读数即为故障电流最大幅值，即最大故障电流瞬时值为19.343kA。

如图 6-22 所示，在"视图"下拉菜单中选择"有效值读数"，红色游标仍移至故障电流 $I_A$ 最大幅值处。此时，$I_A$ 通道最左侧的读数为故障电流有效值，后有 R 标示，即故障电流 $I_A$ 有效值为 11.096kA。

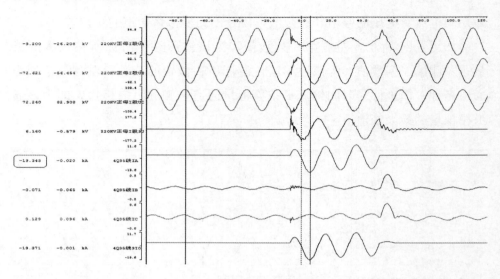

图 6-21  故障电流峰值

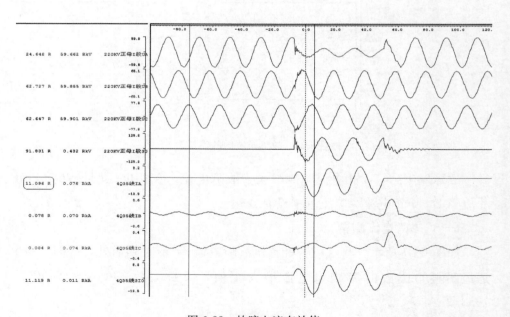

图 6-22  故障电流有效值

零序电流的测量方法与 $I_A$ 相同。需要说明的是，实际计算出来的是 $3I_0$。

162

**（二）故障电压测量**

如图 6-23 所示，将红色游标移至故障电压 $U_A$ 最小幅值处，此时，$U_A$ 通道最左侧的读数为故障电压幅值，即故障电压最大瞬时值为 23.064kV。

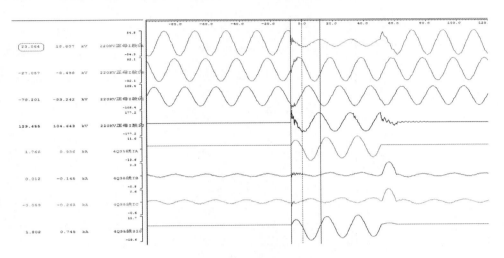

图 6-23　故障电压峰值

如图 6-24 所示，在"视图"下拉菜单中选择"有效值读数"，红色游标仍移至故障电压 $U_A$ 最小幅值处，此时 $U_A$ 通道最左侧的读数为故障电压有效值，后有 R 标示。即故障电压 $U_A$ 有效值为 17.513kV。

零序电压的测量方法与 $U_A$ 相同。需要说明的是，实际计算出的是 $3U_0$。

**（三）电流、电压相位关系判别**

选取电压波形负变正过零点为基准相位，若电流波形负变正过零点滞后于电压负变正过零点，则为滞后相位；反之则为超前相位。如果选取电压正变负过零点作为基准，电流也应选取正变负零点进行比较。

如图 6-25 所示，电流负变正过零点（蓝色游标圆圈标示处）滞后电压负变正过零点（红色游标圆圈标示处）约 4ms，工频为 50Hz，故一个周波为 20ms 即 360°，1ms 为 18°。则滞后角为 18°×4＝72°。由此可以判断故障发生在正方向，若实测电流超前电压 110°左右，则表明是反向故障。

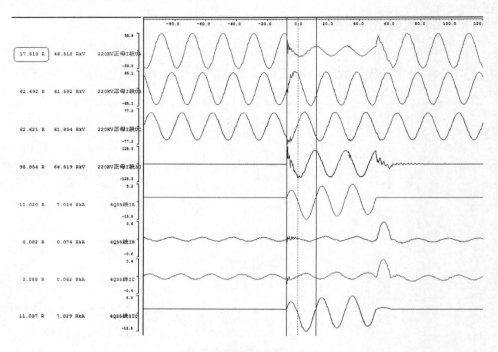

图 6-24　故障电压有效值

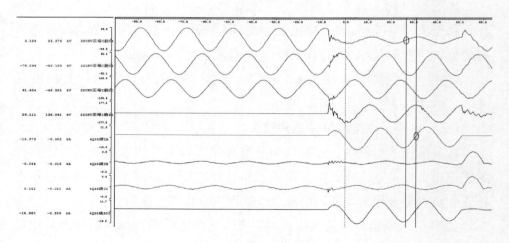

图 6-25　相位关系判别

　　通过以上方法可以计算三相电压、三相电流以及电压与电流、零序电压与电流间的相位关系，协助判定故障性质。

### 三、开关量读取

故障录波图中，开关量通道若有脉冲，则该开关量为 1，表明有信号开入，否则该开关量没有信号开入。

如图 6-26 所示，故障发生后 5ms，线路保护 RCS902、RCS901 启动发信通道出现脉冲，10ms 时脉冲消失。也就是说，故障发生后 5ms，线路保护 RCS902、RCS901 启动发信，5ms 后判断为区内故障停信。13ms 时，线路保护 RCS902、RCS901 发 A 相跳闸命令，断路器保护 RCS923 发启动失灵命令，50ms 后返回。

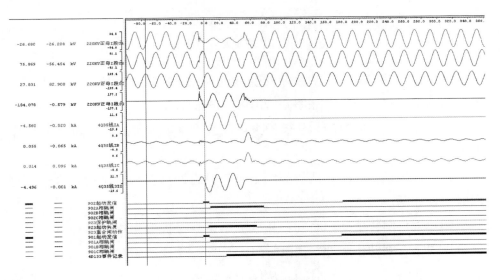

图 6-26　开关量读取

### 四、故障录波时间读取

以故障发生时刻为起始时刻，可以读出故障过程中各模拟量、开关量变化时间、故障量持续时间等，如图 6-27 所示。

（1）故障持续时间：从故障发生时刻（故障相电流增大、故障相电压降低），到故障结束（故障电流消失、故障电压恢复正常）这段时间，如

165

图 6-27 中所示时间段 a。

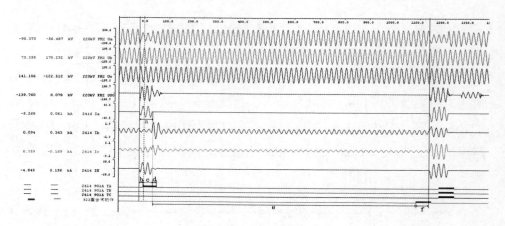

图 6-27　故障录波时间读取

（2）保护动作时间：从故障发生时刻到保护出口（开关量通道出现保护跳闸脉冲）这段时间，如图 6-27 中所示时间段 b。

（3）断路器跳闸时间：从保护出口到故障结束这段时间，如图 6-27 中所示时间段 c。

（4）保护返回时间：从故障结束到保护返回（保护跳闸脉冲消失）这段时间，如图 6-27 中所示时间段 d。

（5）重合闸装置动作时间：从故障结束到保护发出重合命令（开关量通道出现重合闸动作脉冲）这段时间，如图 6-27 中所示时间段 e。

（6）断路器合闸动作时间：从保护发出重合命令到再次出现负荷电流这段时间，如图 6-27 中所示时间段 f。

**五、故障测距**

目前使用的故障录波器波形分析软件均有故障测距功能。使用故障测距功能前，应导入需进行故障测距线路的线路参数，并选择测距所用电压电流通道及故障类型，以便得出正确的故障测距结果。如图 6-28 所示，2413 线路正方向发生 B 相接地故障，重合成功。故障测距为 10.83km。

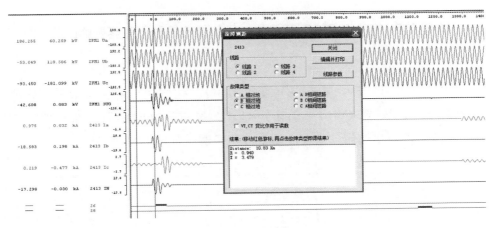

图 6-28  故障测距

## 六、故障录波图分析步骤

故障录波分析流程如图 6-29 所示。

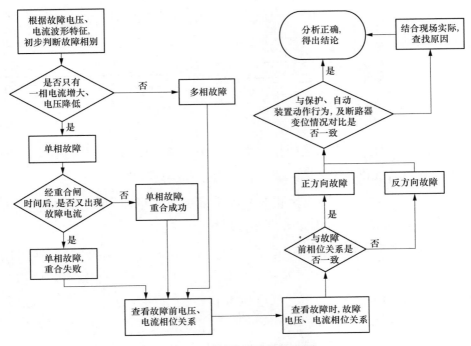

图 6-29  故障录波分析流程

≫【典型案例】 故障录波器漏接线，导致录波信号不完整影响故障判断

1. 案例描述

2015 年 6 月 9 日，某 500kV 变电站 4Q45 线发生 C 相接地故障，线路保护 RCS-901A、CSC-101A 动作跳 C 相，经重合闸时间后，断路器保护 CSC-122A 重合闸动作，重合成功。故障录波图如图 6-30 所示。

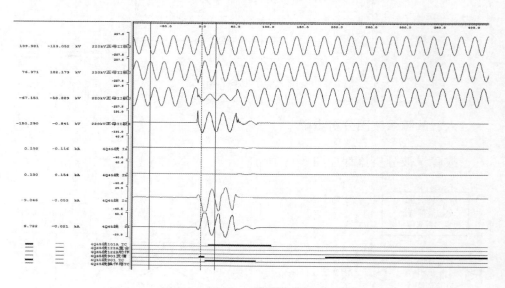

图 6-30  某站 4Q45 线故障录波图

故障发生时，C 相电流明显增大为故障电流，C 相电压明显降低，同时出现零序电压和零序电流，初步判断为 C 相接地故障。

录波图中，C 相故障电压超前 C 相故障电流 1 格即 5ms，为 $5 \times 18° = 90°$。可以判断线路发生正方向 C 相接地故障。

故障发生后，RCS-901A 保护启动发信，5ms 后停信。随后，线路保护 RCS-901A、CSC-101A 相继发出跳 C 命令，50ms 时 C 相跳开，C 相电流降为 0，C 相电压恢复正常（电压取自母线电压互感器）。约 1100ms，CSC-122A 重合闸动作，C 相重合成功，C 相电流恢复为负荷电流。

可见，故障录波图与现场断路器和保护装置动作行为基本相符。但运

维人员发现，故障过程中，现场操作箱 TC 灯亮，而开关量通道"操作箱TC"始终无信号开入，与实际不符。

2.过程分析

针对上述开关量通道"操作箱 TC"始终无信号开入的情况，检修人员至现场查找原因，发现设计图纸中操作箱至故录的 TA、TB、TC 公共端4D132，与故录开入公共端 9D82（G701）短接，如图 6-31 所示。

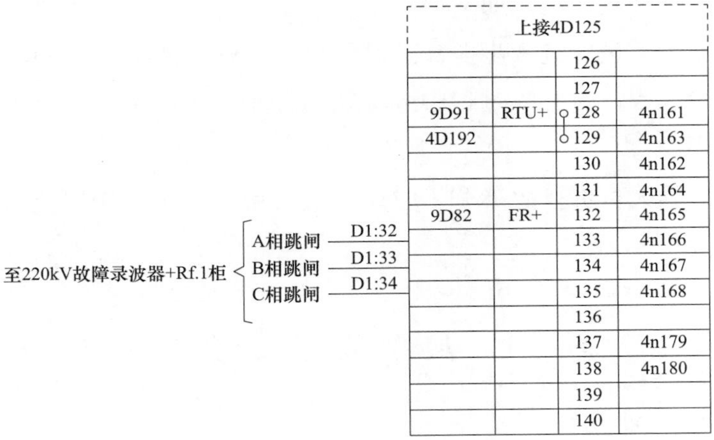

| 上接4D125 | | | |
|---|---|---|---|
| | | 126 | |
| | | 127 | |
| 9D91 | RTU+ | 128 | 4n161 |
| 4D192 | | 129 | 4n163 |
| | | 130 | 4n162 |
| | | 131 | 4n164 |
| 9D82 | FR+ | 132 | 4n165 |
| | | 133 | 4n166 |
| | | 134 | 4n167 |
| | | 135 | 4n168 |
| | | 136 | |
| | | 137 | 4n179 |
| | | 138 | 4n180 |
| | | 139 | |
| | | 140 | |

至220kV故障录波器+Rf.1柜 A相跳闸 D1:32 B相跳闸 D1:33 C相跳闸 D1:34

图 6-31　端子排图

而现场实际接线中，端子 4D132 与公共端 9D82（G701）间短接线未配，如图 6-32 所示。

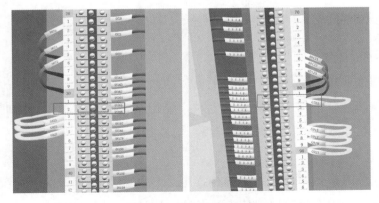

图 6-32　保护屏后端子排

操作箱至故录的 TA、TB、TC 公共端未接，导致线路发生故障时，故障录波不能记录该开关量信号，对故障分析判断带来影响。

3. 结论建议

可见，故障发生后，认真进行故障录波图分析，不但有助于快速确定故障性质和故障地点，还能及时发现回路中存在的问题和隐患，对安全生产有积极作用。

针对上述问题，建议如下：

（1）施工人员应进一步提升工程质量，严格按图施工，不留安全隐患。

（2）验收人员在验收过程中务必认真仔细，关键节点把好安全关，不抱侥幸心理。

（3）运维人员进行故障分析时应细致入微，善于应用对比分析法，不放过任何疑点。

# 任务七　典型故障波形特征

## 》【任务描述】

本任务主要讲解不同故障类型的波形特征及识别方法，通过录波图示例、关键点总结，掌握典型故障录波图的判别方法，协助判断故障性质。

## 》【知识要点】

1. 单相接地故障

单相接地故障是目前电网发生最多的故障类型，包括瞬时性故障和永久性故障两种。单相接地故障发生时，单相重合闸装置动作，瞬时性故障时重合成功，永久性故障时重合失败。

2. 多相故障

多相故障包括两相短路、两相接地和三相短路故障。一般情况下，多相故障不启动重合闸装置，故障时保护三相跳闸，切除故障。

≫【技能要领】

不同故障类型，其电压、电流变化情况不同，波形图呈现不同特征。根据这一特征，可以第一时间判断故障性质，包括故障类型、故障相别等。

## 一、单相接地故障，重合成功

2017 年 4 月 11 日，某站 220kV 线路 2413 线发生 B 相接地故障，重合成功。故障录波图如图 6-33 所示。

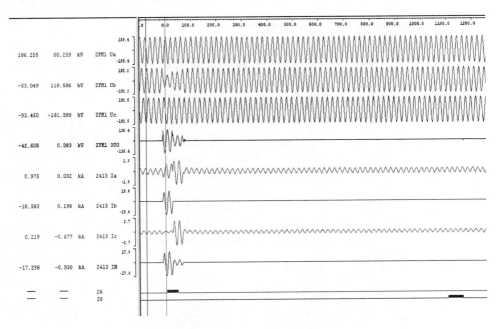

图 6-33　单相故障，重合成功

故障发生时，B 相电压明显下降，B 电流明显增大，同时出现零序电压和零序电流。

故障发生后 10ms，901A 保护发 TB 命令（通道 26），40ms 后，B 相断路器跳开，B 故障电流消失。

1040ms 时，923 保护发重合闸命令（通道 28），断路器 B 相合闸，故障消除，三相电流电压恢复正常，此次故障过程结束。

单相接地故障，重合成功时，波形特征为：

（1）故障发生时，故障相电压明显下降，故障相电流明显增大，同时出现零序电压和零序电流，零序电流与故障相电流同相。故障相电压超前故障相电流约 80°左右。

（2）经保护动作时间后，故障相电流消失，故障相电压恢复正常（若电压取自线路电压互感器，则故障电压也消失）。

（3）经重合闸时间后，故障相电流恢复为负荷电流，三相电压、电流恢复正常。

## 二、单相接地故障，重合失败

2013 年 10 月 15 日，某变电站 220kV 线路 4Q99 线发生 C 相接地故障，重合失败。故障录波图如图 6-34 所示。

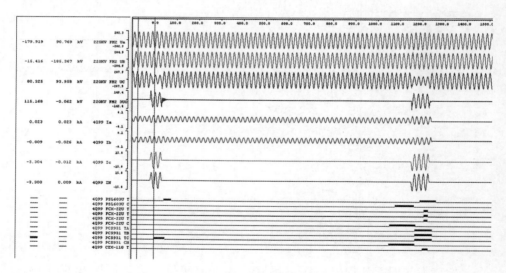

图 6-34　单相故障，重合失败

故障发生时，C 相电压明显下降，C 相电流明显增大，同时出现零序电压和零序电流。

15ms 时，PCS931 保护发跳 C 命令，45ms 时，PSL603U 保护发跳 C 命令。50ms 时，C 相断路器跳开，故障电流消失。

1000ms 时，PCS931/PSL603U 发重合闸命令，操作箱 FCX-22U 输出重合闸命令，断路器合于故障，故障电压、故障电流再次出现。

1100ms，PCS931/PSL603U 发三相跳闸命令，操作箱 FCX-22U/CZX-11G 三相出口跳闸，线路三相电流消失，三相电压恢复正常。

单相接地故障，重合失败时，波形特征为：

（1）故障发生时，波形特征同单相接地故障，重合成功的波形图。

（2）经保护动作时间后，故障相电流消失，故障相电压恢复正常（若电压取自线路电压互感器，则故障电压也消失）。

（3）经重合闸时间后，故障相又出现故障电压和故障电流。

（4）加速保护动作后，线路三相电流消失，三相电压恢复正常（若电压取自线路电压互感器，则三相电压也消失）。

### 三、两相短路故障

2012 年 7 月 6 日，某变电站 500kV 线路 5898 线发生 A、B 两相短路故障，故障录波图如图 6-35 所示。

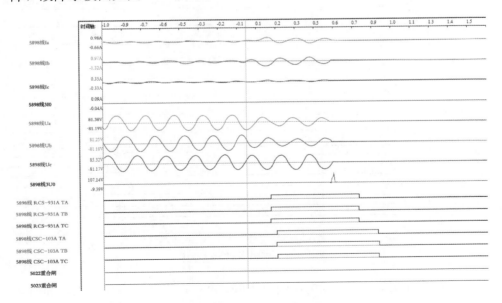

图 6-35 两相短路故障

故障发生时，A、B相电压明显下降，A、B相电流明显增大，同时未出现零序电压和零序电流。

15ms时，RCS-931A、CSC-103A保护发三跳命令。60ms时，断路器三相跳开，三相电流消失，故障切除。

两相短路故障波形特征为：

（1）故障发生时，两故障相电压明显下降，两故障相电流明显增大，未出现零序电压和零序电流。两故障相电流反相。故障相间电压超前故障相间电流约80°。

（2）经保护动作时间后，三相电流消失，三相电压恢复正常（若电压取自线路电压互感器，则三相电压也消失）。

### 四、两相接地短路故障

2012年7月6日，某变电站500kV线路5898线发生A、B两相接地短路故障，故障录波图如图6-36所示。

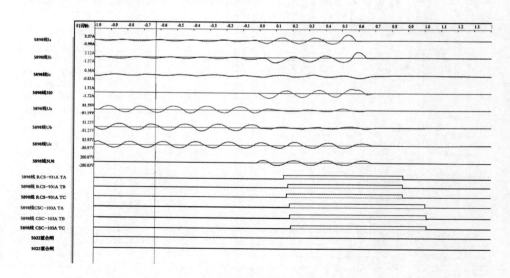

图6-36　两相接地短路故障

故障发生时，A、B相电压明显下降，A、B相电流明显增大，同时出现零序电压和零序电流。

15ms 时，RCS-931A、CSC-103A 保护发三跳命令。60ms 时，断路器三相分位，三相电流消失，故障切除。

两相接地短路故障波形特征为：

（1）故障发生时，两故障相电压明显下降，两故障相电流明显增大，同时出现零序电压和零序电流。零序电流为两故障相电流之和。故障相间电压超前故障相间电流约 $80°$。零序电流超前零序电压约 $110°$。

（2）经保护动作时间后，三相电流消失，三相电压恢复正常（若电压取自线路电压互感器，则三相电压也消失）。

### 五、三相短路故障

2012 年 7 月 6 日，某站 500kV 线路 5898 线发生三相短路故障，故障录波图如图 6-37 所示。

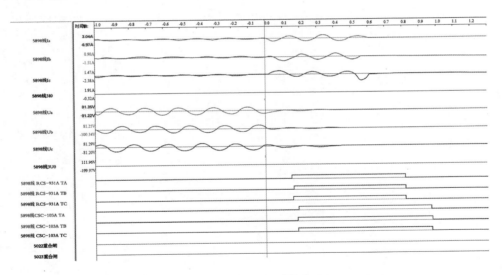

图 6-37　三相短路故障

故障发生时，三相电压明显下降，三相电流明显增大，未出现零序电压和零序电流。

15ms 时，RCS-931A、CSC-103A 保护发三跳命令。60ms 时，断路器三相分位，三相电流消失，故障切除。

三相短路故障波形特征为：

（1）故障发生时，三相电压明显下降，三相电流明显增大，未出现零序电压和零序电流。故障相电压超前故障相电流约 $80°$，故障相间电压超前故障相间电流约 $80°$。

（2）经保护动作时间后，三相电流消失，三相电压恢复正常（若电压取自线路电压互感器，则三相电压也消失）。

项目七

# 改扩建工程运维相关工作

### ≫【项目描述】

本项目包含改扩建工程涵盖的运行规程、典型操作票编写、标志标签制作、工程运维风险管控、工程启动前后运维工作以及相关的消防、安防、防小动物工作等内容。通过知识点说明、关键技能图解示意及案例分析，了解典型操作票运维编写注意点、改扩建工程相关运维风险管控内容等；熟悉改扩建工程运维相关作业流程；掌握改扩建运维生产准备工作等内容。

# 任务一  改扩建工程运行规程及典型操作票的编写

### ≫【任务描述】

本任务包含改扩建工程运行规程、典型操作票编写的原则、图纸审核关键点把关、典型操作票安全有序操作要求、图表绘制等内容。通过知识点说明、关键技能图解示意及案例分析，了解运行规程、典型操作票编写原则，掌握运行规程、典型操作票编写的关键注意事项等内容。

### ≫【知识要点】

（1）变电站现场运行规程、典型操作票是变电站运行的依据，每座变电站均应具备现场运行规程和典型操作票。

（2）运行规程的编写应涵盖变电站本次改扩建间隔的一次设备、二次设备、辅助设施的运行、操作注意事项、故障及异常处理、相关图表等，并履行相应审批手续。

（3）典型操作票的编写应涵盖变电站本次改扩建间隔一次设备、二次设备各种调度指令所对应的典型操作票，并履行相应审批手续。

### ≫【技能要领】

#### 一、编写依据

（1）变电站现场运行规程的编写依据包括：国家、行业、企业颁发的规程制度、专业要求和反事故措施，运检、安质、调控等部门的专业要求，检修、验收、设计规程（导则），产品（厂家）说明书和图纸等，同时结合变电站现场实际情况。

（2）变电站现场典型操作票应根据各级调控部门提供的操作任务和任务顺序，以及其他管理制度要求等内容，结合站内一、二次设备实际情况进行编写，并对典型操作票步骤的正确性负责。

## 二、应包括的内容

### （一）变电站现场运行规程应包括的内容

（1）变电站一、二次电气设备（包括自动化设备、站用电、直流系统、防误装置、防雷接地装置等）的型号、运行主要技术参数、主要功能，可控元件（空开、压板、切换开关等）的作用与状态等；

（2）变电站一、二次设备及辅助设施的巡视检查、定期试验切换的项目、内容和要求；

（3）变电站一、二次设备的运行维护、操作注意事项和要求；

（4）变电站一、二次设备检修后验收、事故及异常情况的处理。

### （二）变电站现场典型操作票应包括的内容

（1）典型操作票的任务应与调度相一致，内容应符合调度所发指令（任务）。

（2）典型操作票所列典型操作任务应能满足各种正常操作的可能性。

## 三、编写前的图纸审核

运行规程和典型操作票编写前须认真审核工程一、二次电气设备图纸，核对现场铭牌是否与设计图纸设备参数一致，各回路接线是否符合现场实际要求等。运维人员重点关注逻辑闭锁、信号、保护功能联跳等回路。

### （一）逻辑闭锁回路

（1）隔离开关逻辑闭锁考虑的原则：操作的隔离开关必须满足相邻的断路器、所有相邻的接地隔离开关均在断开位置，相邻接地隔离开关指主接线上该隔离开关周围无明显电气断开点的所有接地隔离开关。需特别考虑主变压器三侧无明显断开点的隔离开关、接地隔离开关之间的逻辑闭锁。

如图 7-1 所示，以 500kV 变电站 2 号主变压器主接线图为例，50331 隔离开关操作需满足 5033 断路器、503317、503327、5033617、2602617、3520617 接地隔离开关均在断开位置的逻辑闭锁。

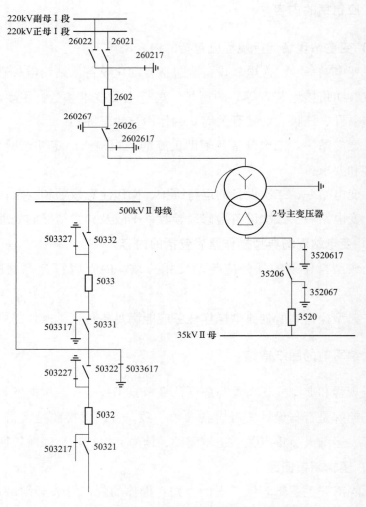

图 7-1  500kV 变电站 2 号主变压器主接线图

（2）接地隔离开关逻辑闭锁考虑的原则：操作的接地隔离开关必须满足所有的相邻隔离开关均在断开位置，相邻隔离开关指主接线上该接地隔离开关周围无明显电气断开点的所有隔离开关。此外，线路间隔线路侧、主变压器间隔变压器侧接地隔离开关必须满足线路（或变压器）侧电压互感器二次无电压并且该电压互感器空气开关在合上位置的闭锁要求。

图 7-1 中，503327 接地隔离开关操作需满足 50332、50331 隔离开关均在断开位置的逻辑闭锁；5033617 接地隔离开关操作需满足 50331、50322、26026、35206 隔离开关均在断开位置、2 号主变压器 500kV 侧电压互感器二次无电压并且该电压互感器空开在合上位置的逻辑闭锁。

（3）闭锁逻辑未考虑周全，防误闭锁不完善的示例。

以 500kV 变电站 0 号备用变压器主接线为例，如图 7-2 所示，逻辑闭锁条件（参见表 7-1）：变电站备用变压器外来电源线路侧接地隔离开关 Q21 分合条件须判断线路侧无电压，其前提是外来电源线路 TV 空气开关需合上；变电站备用变外接电源隔离开关 Q11 靠变压器侧接地隔离开关 Q22 分合条件，除判断本隔离开关 Q11 分位外，还需判断备用变压器 380V 低压分支断路器 0QF1、0QF2 在断开位置。

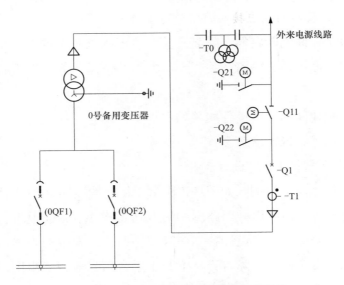

图 7-2　500kV 变电站 0 号备用变压器接线

针对以上 0 号备用变单元接线图，0 号备用变压器外来电源线路接地隔离开关 Q21 容易忽视的闭锁条件，是对外来电源线路 TV 空气开关的位置判断。0 号备用变压器外接电源隔离开关靠变压器侧接地隔离开关 Q22 容易忽视的闭锁条件，是对备用变压器两个低压分支断路器 0QF1、0QF2 的位置判别。在图纸审查时，尤须重点关注，发现逻辑闭锁不完善的部分，及时向设计、施工提出整改建议。

表 7-1                        0 号备用变压器单元的逻辑闭锁表

| 序号 | 受控设备 | 联、闭锁设备 | | | | | | | |
|---|---|---|---|---|---|---|---|---|---|
| | 设备代号 | #0 站用变单元 | | | | 线路 TV 无压 | 线路 TV 空气开关 | 站用电 380 | |
| | | Q1 | Q11 | Q21 | Q22 | | | 0QF1 | 0QF2 |
| 1 | Q1 | | | | | | | | |
| 2 | Q11 | 0 | | | | | | | |
| 3 | Q21 | | | 0 | | Y | 1 | | |
| 4 | Q22 | | | 0 | | | | 0 | 0 |

注   0 表示分闸位置；1 表示合闸位置；Y 表示满足；N 表示不满足。

### （二）信号回路

1. 改扩建设备间隔应接入的信号

（1）改扩建间隔断路器、隔离开关、接地隔离开关的位置信号，以及监视变压器、断路器、隔离开关、无功电压补偿设备等一次设备运行状态的信号。

（2）改扩建间隔二次设备相关的保护、自动化、通信等设备运行状态信号、动作信号、告警信息等。

2. 重要信号未独立引出的示例

以保护信号回路为例，如图 7-3 所示。目前的线路保护装置设计要求均为双通道配置，但此信号回路图中对双通道中 A、B 通道告警合并为一个通道告警信号引出，未设计独立信号回路引出。发生通道异常时，运维监控未能确认哪个通道故障告警，不利于后台信号监视。审图发现后，及时向设计、施工单位提出整改建议。

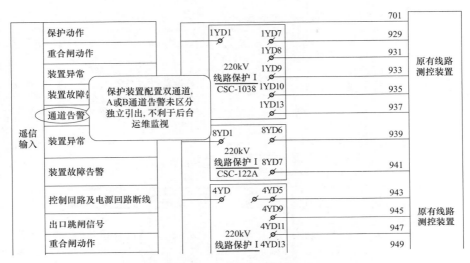

图 7-3　保护信号回路

### （三）保护功能设置

保护功能的设置应满足《线路保护及辅助装置标准化设计规范》（Q/GDW 161—2007）、《变压器、高压并联电抗器和母线保护及辅助装置标准化设计规范》（Q/GDW 175—2008）的技术原则和功能规范要求，同时能满足调度对保护各种状态方式转换的操作要求。

以保护原理图为例，如图 7-4 所示。此原理图中未设计对保护通道进行单独投退的操作功能，不符合现场实际运维及异常处理要求。审图发现后，及时向设计、施工单位提出整改建议。

### （四）编写注意事项

（1）运行规程、典型操作票的编写应符合各级运维管理制度、技术标准等的要求。

（2）运行规程、典型操作票的编写在满足各级最新管理要求的前提下，应尽量符合变电站原有的运维、操作习惯，确保其能够为设备运行、操作、事故处理等提供指导。

（3）运行规程、典型操作票的编写需查阅相关图纸、技术使用说明书，只有详细了解改扩建设备的结构、原理、操作方法、事故异常信号及处理方法、运维巡视的特殊注意事项，才能确保编写的规程典型操作票符合运维要求。

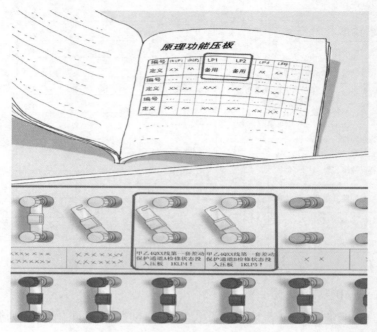

图 7-4　某分相电流差动保护原理图

（4）典型操作票中操作步骤必须符合设备运行方式变更、安全有序操作的要求。主要的操作顺序如下：

1）线路停役操作：停役操作必须按照断路器、负荷侧隔离开关、电源侧隔离开关依次操作，复役操作必须按照电源侧隔离开关、负荷侧隔离开关、断路器依次操作。

2）500kV 主变压器停复役操作：停役操作先拉负荷侧断路器（220kV、35kV 侧），再拉电源侧断路器（500kV 侧）；复役时，主变压器500kV 侧充电，220kV 侧合环，黑启动恢复期间或其他特定情况下建议调度考虑同期问题。主变压器停役前应先停用接于该主变压器下的站用变压器，待主变压器复役后，再自行恢复站用变压器运行。

3）3/2 接线方式母线上接有主变压器停复役操作：停役操作应先停主变压器、再停母线；复役操作应先复母线、再复主变压器。

4）3/2 接线方式线路或主变压器 500kV 侧停复役操作：停役操作先拉中间断路器，再拉母线侧断路器；复役操作时，先合母线侧断路器，再合中间断路器。

5）220kV 电压互感器停复役操作：停役操作先停二次侧，再停一次侧；复役操作先合一次侧，再合二次侧。

6）220kV 母线停复役操作：停役操作应包括母差方式调整、电压互感器二次并、倒排、母联改冷备用；复役操作时，如用母联断路器充电时，还应用上母联充电解列保护。

7）220kV 母线热倒操作：母差方式调整（母差互联）、母联断路器运行状态时改非自动、电压互感器二次并列，先合上待运行侧隔离开关，后拉开需停役侧隔离开关。

8）一次设备与二次保护配合停复役操作：停役操作先停一次设备，再停二次设备；复役操作先投入二次设备，再投运一次设备。

9）一次设备与自动投切装置配合停复役操作：停役操作先停自动投切装置设备，再停一次设备；复役操作先投运一次设备，再投入自动投切装置设备。

按照《国家电网电力安全工作规程（变电部分）》的规定，下列项目应填入操作票内：

1）应拉合的设备［断路器、隔离开关、接地隔离开关（装置）等］，验电，装拆接地线，合上（安装）或断开（拆除）控制回路或电压互感器回路的空气开关、熔断器，切换保护回路和自动化装置及检验是否确无电压等。

2）拉合设备［断路器、隔离开关、接地隔离开关等］后检查设备的位置。

3）进行停、送电操作时，在拉合隔离开关、手车式开关拉出、推入前，检查断路器确在分闸位置。

4）在进行倒负荷或解、并列操作前后，检查相关电源运行及负荷分配情况。

5）设备检修后合闸送电前，检查送电范围内接地隔离开关（装置）已拉开，接地线已拆除。

（5）改扩建工程规程等资料修订，需完善主接线、模拟图板、交直流系统、GIS 站间隔气室等图，更新变电站基本图表资料等。

1）交直流系统图完善，空开配置应满足特性、级差要求，参考示例如图 7-5 所示。

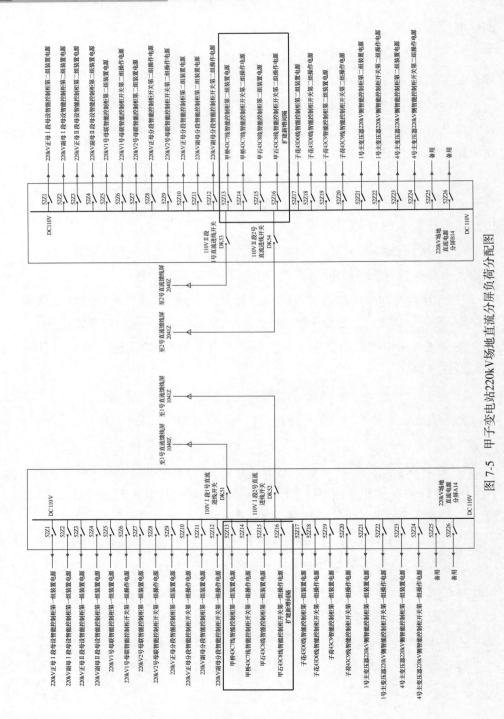

图 7-5 甲子变电站220kV场地直流分屏负荷分配图

2）GIS气隔图应明确不同编号的气室所对应的间隔设备，参考示例如图 7-6 所示。

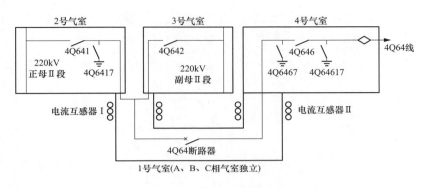

图 7-6　4Q64 间隔气隔图

## 【典型案例】　变电站典型操作票不完善、现场倒闸操作顺序错误导致保护误动跳闸

### 1. 案例描述

2012 年 6 月 21 日，某检修公司进行 500kV 甲子变电站 220kV 断路器合并单元更换，在恢复 220kV Ⅰ-Ⅱ 段母线及 Ⅲ-Ⅳ 段母线 A 套差动保护过程中，母差保护动作跳开甲乙Ⅰ、甲乙Ⅱ、2 号主变压器、1 号母联断路器，如图 7-7 所示。

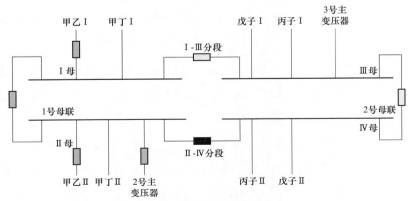

故障前运行方式：Ⅱ-Ⅳ分段检修，其余断路器运行状态。
故障跳闸断路器：甲乙Ⅰ、甲乙Ⅱ、1号母联、2号主变压器。

图 7-7　甲子变电站 220kV 系统事故跳闸接线图

187

现场工作结束，按调度令操作恢复 220kV Ⅰ、Ⅱ 段母线及 Ⅲ、Ⅳ 段母线 A 套差动保护运行。在 A 套差动保护由信号改跳闸过程中，由于操作顺序错误（现场先退"检修压板"，再批量投入各间隔"GOOSE 发送软压板"和"间隔投入软压板"）导致母线保护误动，跳开甲乙Ⅰ、甲乙Ⅱ、2 号主变压器、1 号母联断路器。甲丁Ⅰ、甲丁Ⅱ由于间隔投入压板还未投入，未跳闸。

2. 原因分析

（1）技术原因。

保护动作原因：在恢复 220kV Ⅰ、Ⅱ 段母线 A 套差动保护过程中，运维人员错误地将母差保护"投检修"压板提前退出，并投入了Ⅰ、Ⅱ母各间隔"GOOSE 发送软压板"，使母差保护具备了跳闸出口条件，在批量投入"间隔投入软压板"过程中，母差保护出现差流并达到动作门槛，母差保护动作。

同时，进一步了解到该母差保护为南瑞 PCS915 装置，其间隔投入软压板分为两类：支路 $n$ 间隔投入软压板和电压间隔投入软压板。在 A 套母差装置由信号改跳闸的过程中，投入各间隔软压板的过程中，由于"电压间隔投入软压板"尚未投入，母差保护差流达到动作值而复压闭锁功能尚未投入，故母差保护动作出口。

本次跳闸属典型误操作事件，核心是对智能站母差保护信号状态把握有误。

智能变电站保护装置信号状态的定义如下：信号状态是指装置直流电源投入，保护功能软压板投入，装置 SV 软压板投入，装置 GOOSE 接收软压板投入，GOOSE 发送软压板退出。

故本母差保护跳闸与信号之间状态转化，是不需要操作 SV 间隔投入软压板的。同时在恢复操作 GOOSE 发送软压板前，可进一步检查差动保护的差流情况。按此要求，差动保护不会误动。

（2）管理原因。

1）现场运维人员对智能站保护相关技术掌握不足，未掌握智能站母差保护投退的操作方法，错误地填写、执行倒闸操作，现场作业组织管理和监督执行不力。

2）现场变电站运维管理和技术管理不到位，变电站投运时，现场运行规程、典型操作票编制后未能进行多方审核把关，运行规程、典型操作票编制不严谨、不完善，甚至错误，未能正确指导现场智能设备的运行和操作。

3.防范措施

（1）加强智能设备的安全管理，重视智能站设备特别是二次设备的技术和运维管理，规范智能变改造、验收、定检工作标准和管理要求。完善现场运行规程，细化智能站设备正常操作运维、异常处理方法措施，有效指导现场运维人员操作维护设备。严格落实新建、改扩建变电站现场运维规程、典型操作票的编制、审核、审批制度，确保现场规程的正确性、严谨性、科学性。

（2）加强现场技术培训，特别是智能站等新技术应用方面的专业技术培训，进一步提升现场运维人员、检修人员、专业管理人员对新技术、新设备的掌握程度，切实提升变电站现场安全运行水平。

# 任务二　改扩建相关设备标志、标签命名及装贴

## ≫【任务描述】

本任务主要讲解改扩建工程标志标签命名规范、制作装贴等内容。通过图解示意、案例分析等，了解改扩建相关设备一次和二次设备标志标签的命名、装设等注意事项，掌握标志标签装贴的关键环节等。

## ≫【知识要点】

设备的命名要求有双重命名，包括名称和编号。现场所有的名称编号应统一规范，做到四统一。对可能引起误碰误操作的设备，应设有醒目的标志标签进行防范提醒。

≫【技能要领】

### 一、设备标志、标签的命名及装设总体要求

（1）变电站一、二次设备命名应以调度命名、图纸、设备实际功能为依据。

（2）变电站现场一、二次设备均必须有规范、完整、清晰、准确的命名标志，包括端子箱、控制箱、电源箱、消防、安防设备等。

（3）现场一次设备、压板、切换片、熔丝、小开关、小闸刀、电流端子等元件的名称编号应严格做到典票、实物标签标识、实际操作票面、微机开票四者相符。

（4）设备的命名标志安装时应严格与设备相符，且无视线阻碍。运行中严禁拆动，因工作需要而必需暂时拆除的，重新安装时务必严格核对位置的准确性。

### 二、一次设备标识标牌指示

现场一次设备双重命名清晰，一次设备应有相别色标，隔离开关操作部件上应有转动方向，接地隔离开关机械操作杆上应有黑色或黄绿相间标志。

（1）开关等设备使用双重命名，相别色标黄绿红三相清晰，如图7-8所示。

图 7-8　2 号主变压器 2 号电容器 322 断路器设备相色标识图

（2）隔离开关操作转动方向明确，如图 7-9 所示。

图 7-9　1 号主变压器 2 号电容器 31217 接地隔离开关转动方向标识图

（3）接地隔离开关有黑色或黄绿相间明显接地标识，如图 7-10 所示。

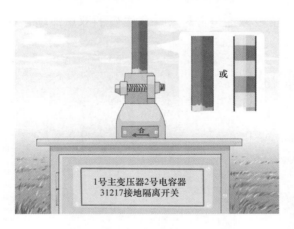

图 7-10　1 号主变压器 2 号电容器 31217 接地隔离开关接地标识图

## 三、二次设备标识标签指示

运行中需操作的空气开关、按钮、压板等二次元件标签必须包含所对应的一次设备双重名称，且严格做到典票、实物标签标识、实际操作票面、微机开票四者相符（四统一），避免走错间隔，操作错误。

（1）二次小空气开关标签包含对应一次设备的双重命名，如图 7-11 所示。

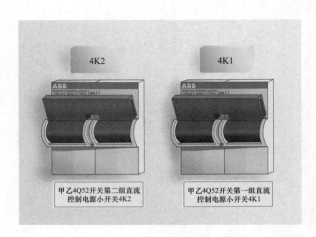

图 7-11　XX4Q52 开关控制电源二次小开关命名标签

（2）保护屏压板标签包含对应一次设备的双重命名，如图 7-12 所示。

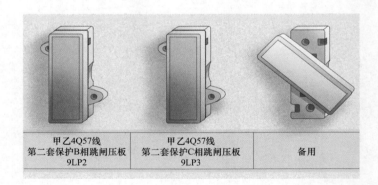

图 7-12　XX4Q57 线第二套保护跳闸压板命名标签

（3）典型操作票、实物标签标识、实际操作票面、微机开票四者设备双重命名须相符，简称"四统一"，设备双重命名"四统一"示意图如图 7-13 所示。

（4）保护屏柜前上下排布置的压板、大电流端子排应清晰隔离，有明显的分隔线，明确标签所对应的压板、端子，避免错行操作。保护屏上下排压板明显分隔线图如图 7-14 所示、保护屏母差大电流端子上下明显分隔线图如图 7-15 所示。

图 7-13　设备双重名称"四统一"示意图

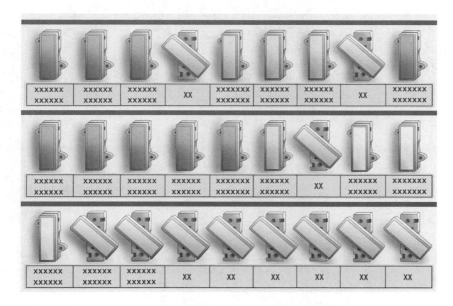

图 7-14　保护屏上下排压板明显分隔线图

（5）在外露的跳闸出口继电器的外壳上，应标有禁止触动的明显标志，必要时加装防误罩。开关机构箱内三相不一致继电器防误碰标识图如图 7-16 所示、保护测控屏出口重动继电器防误碰标识图如图 7-17 所示。

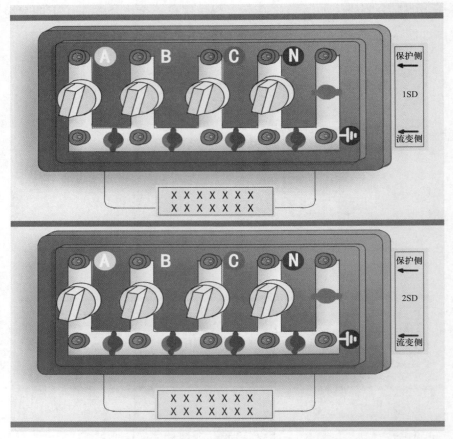

图 7-15 保护屏母差大电流端子上下明显分隔线图

图 7-16 开关机构箱内三相不一致

继电器防误碰标识图

图 7-17 保护测控屏出口

重动继电器防误碰标识图

>> **【典型案例】** 设备标签标识未粘贴告示清楚，出口继电器老化，作业人员无意间误碰导致开关动作跳闸

1. 案例描述

2009 年 12 月 19 日，某 500kV 变电站 5042 断路器跳闸，经过二次回路排查、后台信号及视频录象分析和停电试验检查等环节，查明 5042 断路器跳闸原因系测控屏内 BTJ 继电器接点受外力作用抖动引起。变电站第四串接线如图 7-18 所示。

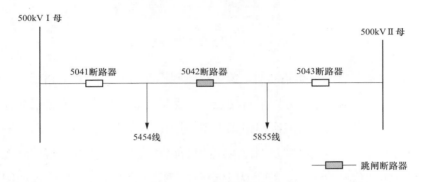

图 7-18 某 500kV 变电站第四串接线示意图

该变电站第四串为线—线完整串，线路分别为 5454 线、5855 线。5042 断路器测控装置为西门子公司的 6MB524。

当日该变电站全所其中有一项不停电工作：变电站全站时钟同步系统改造，工作地点如图 7-19 所示。

事故跳闸后，该变电站运维人员要求工作人员立即停止现场工作，并询问现场工作是否有存在导致 5042 断路器误出口的作业情况，现场人员答复当时确在 5041/5042 断路器测控屏工作（见图 7-19），工作中可能触碰继电器或者运行中的其他端子排。通过视频监控录像推测工作人员手持工具无意间触碰该继电器的时间为 16：02：30，5042 断路器跳闸时间 16：02：32，初步判定 5042 断路器跳闸可能与工作人员误碰 BTJ 继电器有关。

2. 原因分析

（1）技术原因。技术人员在现场围绕 5042 断路器跳闸回路，进行逐一排

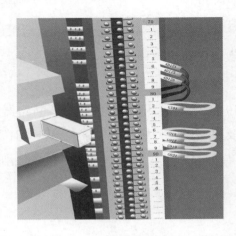

图 7-19 5041/5042 开关测控屏内端子排工作处

查。5042 断路器有两组跳闸回路，第一组跳闸回路有 9 个跳闸支路，第二组跳闸回路有 8 个跳闸支路，分别来自测控屏、保护屏、断路器机构。根据保护动作信号、后台光字信号及二次回路原理图，排查了保护动作跳闸、断路器机构就地分闸及三相不一致跳闸及测控手跳的可能性。进一步排查发现，测控屏安装了两只跳闸保持继电器，型号为 RXMS1，BTJ 继电器及安装位置如图 7-20 所示。该继电器为电压启动电流保持型继电器，该继电器原用于 5042 开关跳闸回路的自保持。目前现场该继电器的电压启动回路未接线，但 BTJ 的电流保持回路仍旧串在跳闸回路中。若 5042 断路器 A/B/C 三相任意一相的 BTJ 接点吸合，在断路器合闸的状态下，继电器能够动作励磁，从而导致三相跳闸。

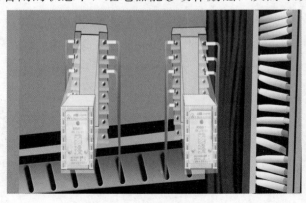

图 7-20 BTJ 继电器及安装位置

为进一步确定跳闸原因，技术人员现场通过对 5042 断路器进行停电后试验检查，基本排除了控制回路绝缘不良导致 BTJ 动作的可能性。通过继电器工况检查，对比同类型的继电器发现，5042 断路器的 1BTJ 和 2BTJ 两个继电器接点之间的间距很小，BTJ 隐患继电器与正常继电器比较如图 7-21 所示。

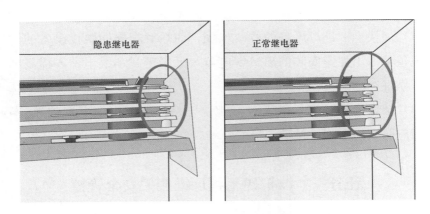

图 7-21　BTJ 隐患继电器与正常继电器比较

现场对隐患继电器进行电压测试，1BTJ 的动作电压 16V，返回电压 7V，2BTJ 的动作电压 20V，返回电压 8V，远远低于同类型正常继电器 68V 左右的动作电压。

在对隐患继电器进行模拟碰撞试验发现，轻微碰击继电器侧面数下就会出现火花并使继电器接点闭合，断路器出口跳闸，试验数次，均出现跳闸情况。换上同类型正常继电器，在增加碰击力度和次数的情况下，继电器接点均未动作使断路器出口跳闸。

（2）管理原因。

1）现场运维人员、检修作业人员对保护、测控屏后的继电器等二次保护元器件认识不足，未能充分考虑在运行屏内非主设备上作业的风险性，未采取相应的防范措施。

2）进口老旧等设备技改更换工作力度不足，设备运行年久老化失灵的隐患未能得到有效控制。

3）变电站运维管理对误碰可能出口的继电器重视程度不够，未梳理并纳入规程注意事项中，向每位运维人员交代清楚，并采取必要的防误碰措施，粘贴告警提示等。

3. 防控措施

（1）排查梳理确认相关保护、测控屏内的同类型易误碰出口继电器清单。

（2）加快老旧进口设备的技改步伐，加强对超周期服役设备的隐患整治，视条件退出裸露安装的出口继电器，采用密封小继电器，提高出口回路的可靠性。

（3）结合隐患排查，加强对可能误碰跳闸的出口继电器的风险管控，采取相应防误碰措施，粘贴醒目的勿触碰告警提示。

# 任务三　改扩建工程运维相关安全管控

>> 【任务描述】

本任务主要讲解改扩建工程期间运维相关注意事项、风险预控、现场巡查、工作许可验收关键环节的管控等内容。通过知识讲解、图解示意、案例分析等，了解改扩建工程期间运维相关风险管控关键环节，熟悉改扩建工作运维基本流程，掌握改扩建工程运维安全管控等技能内容。

>> 【知识要点】

（1）运维人员要了解现场改扩建工程的基本情况、运维配合工作及注意事项，并采取相应风险管控措施。

（2）改扩建工程期间运维要把好倒闸操作关、工作许可验收终结关（含施工区域安措实施关）、现场安全稽查关。

（3）改扩建工程运维验收要重点关注一、二次设备状态、设备表计指示、油气阀门状态、后台光字、报文、图表状态和设备遥控及就地操作、

"五防"逻辑验证等。

≫【技能要领】

### 一、改扩建工程运维安全管控总体要求

（1）变电站改扩建工程检修、预试的一、二次设备的工作完成后，必须经过质量验收，设备验收工作结束后，应按照有关要求填写检修、试验记录，并履行相关手续。交接手续完备后，方能投入运行。

（2）改扩建工程新安装、检修后的配电装置，防误闭锁装置必须完善、可靠，与主设备同步投运，否则不得投入运行。

（3）在带电运行的变电站内进行施工，施工前运行单位应对施工单位进行安全交底，详细交代工程建设工作地点及安全注意事项。设备作业区与运行设备区应用安全围栏进行隔离，施工人员不得随意进入运行设备场区。

（4）改扩建现场施工电源宜使用与站用电源分开的独立电源，若必须使用站用电源，运行人员必须合理安排站用电的运行方式，严防主变压器冷却器、隔离开关操作、断路器储能及直流充电电源失去。

（5）改扩建工程期间要把好倒闸操作关、现场安全稽查关、工作许可验收终结关（含施工区域安措实施关），熟悉工程期间运维特别注意事项。

### 二、改扩建工程运维风险预控

（1）改扩建工程运维风险预控首先要对变电站所有运维人员进行改扩建工程相关情况介绍，运维注意事项交底，让每一位运维人员知晓改扩建工程的运维配合工作，了解现场作业的风险点和管控措施等，并在主控室进行公示。

（2）风险预控，做好事故预想和反事故预案等，对倒闸操作、改扩建施工作业过程中可能出现的异常和事故，做好应对策略、防控措施。

1）对改扩建工程中涉及的每一项倒闸操作任务做好风险控制措施，定

期召开改扩建工程安全交底会，让当值运维操作人员充分知晓，并遵照落实。

2）对改扩建期间可能出现的运行设备异常、事故，做好充分的事故预案、防控措施，并组织运维人员进行学习事故预案、熟悉应对措施。

3）对相关停电间隔提前做好红外测温，便于及时发现异常，结合停电及时处理，运维人员对相应间隔设备进行红外测温如图 7-22 所示。

图 7-22　运维人员对相应间隔设备进行红外测温

（3）根据改扩建工程期间每一项作业任务的工作内容和要求，对收到的工作票进行票面审核，确保符合现场作业安全措施要求，保证工作票票面合格。

审核内容包括：改扩建工作票重点审核设备停电状态与工作安全要求状态是否相符；工作票中设备双重命名是否正确无误；相邻运行设备间隔注意事项是否交代齐全，改扩建工作票不合格示例如图 7-23 所示。

（4）同一停电范围内具有工作关联性的各工作票许可，其许可先后次序必须把关，确保改扩建工程施工方的作业范围内一、二次设备回路完全与变电站内的运行设备、交直流系统隔离。

以保护改造为例，先许可运维管理单位所辖的检修人员配合改扩建施工的一、二次设备安措隔离工作票，待此票终结，安全措施完全隔离到位后，方可许可改扩建外委施工队伍的工作票。保护改造工作票许可次序把关如图 7-24 所示。

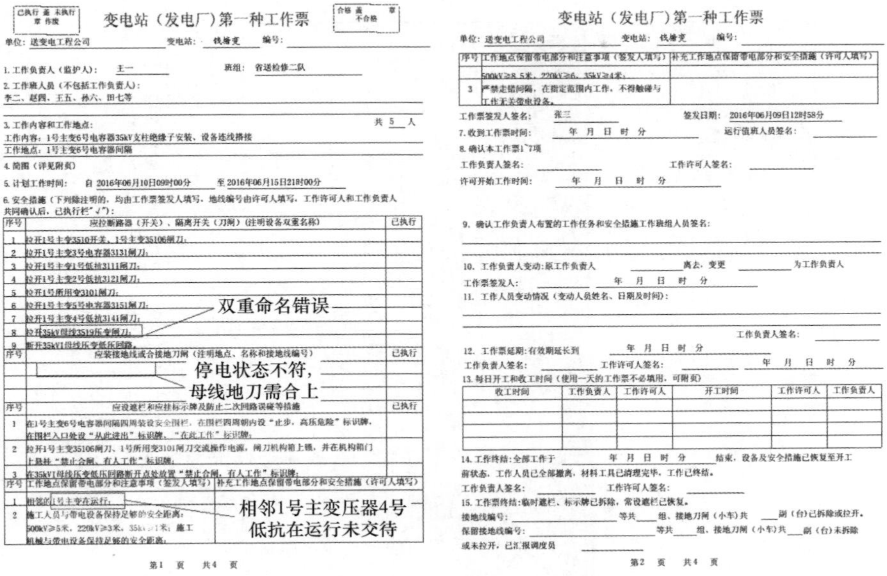

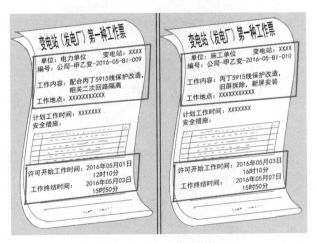

图 7-23　改扩建工作票不合格示例

图 7-24　保护改造工作票许可次序把关所示

（5）改扩建工程工作票现场安措实施。

1）改造区域采取硬隔离，实现与运行设备的物理隔离，防止施工人员、机具误入带电区域。2 号主变压器及其低压区域配电装置改造硬隔离示意图如图 7-25 所示，改造工程硬隔离布置如图 7-26 所示。

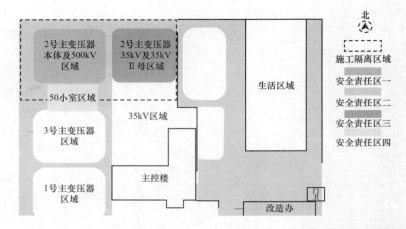

图 7-25　2号主变压器及其低压区域配电装置改造硬隔离示意图

图 7-26　改造工程硬隔离布置

2）工作许可前，做好来电侧的交直流电源隔离，确保工作区域无来电可能。如断开来电侧隔离开关操作电源并将隔离开关机构箱上锁，箱门上挂"禁止合闸，有人工作"标示牌等，与常规一种工作票的安措一致。对改扩建工程，特别是使用起重设备的区域，若作业附近或上方存在带电设备，需布置醒目的标示牌提醒。现场作业安全提示牌（上方引线带电运行）如图 7-27 所示。

（6）改扩建期间，定期开展现场稽查，及时指出现场作业的违章行为，进一步加强现场作业安全管控，以下列出几条改扩建工程中的违章示例，以便理解说明。

1）改扩建工程施工电源未使用检修试验电源，临时电源无漏保，使用的电气设备无接地保护，未使用检修试验电源及电气设备无接地保护如图 7-28 所示。

图 7-27 现场作业安全
提示牌

图 7-28 未使用检修试验电源及
电气设备无接地保护

2）围栏开口，作业人员擅自穿越硬隔离护栏，进入带电设备间隔，作业人员擅自穿越隔离护栏如图 7-29 所示。

3）高处作业未使用安全带等个人保护措施，高空作业佩戴安全带未使用如图 7-30 所示。

图 7-29 作业人员擅自穿越隔离护栏

图 7-30 高处作业佩戴安全带未使用

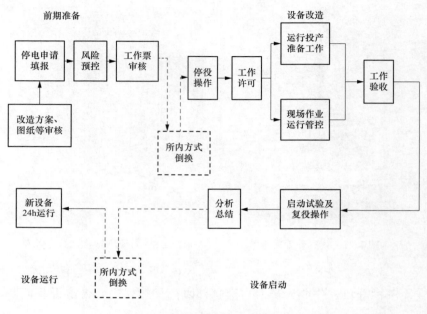

(7) 了解熟悉改扩建工程运维工作基本流程，才能有的放矢把控各个环节的安全风险。改扩建工程运维工作简要流程图如图7-31所示。

图 7-31　改扩建工程运维工作简要流程图

(8) 简要了解现场施工工序流程，做好运维配合工作，GIS间隔改扩建特别要了解现场作业方案，清楚特殊运行方式下调度指令所对应的各设备间隔状态符合现场作业安全需求。

以500kV GIS变电站220kV间隔部分扩建为例，大致了解施工工序流程，某220kV间隔扩建施工工序流程图如图7-32所示，理解相关母线陪停的操作目的和停电计划时间安排，为施工现场做好运维配合工作。

(9) 监控后台对改扩建新增间隔的逻辑表下装，图表等监控信息完善，一、二次设备搭接传动后，运维人员应做好逻辑闭锁回路的验证验收，确保改扩建间隔五防闭锁回路完善。

1) 为确保工程作业中监控系统信息安全，应对厂家的联网作业进行安全教育，有必要时应使用本单位配置的经网络与信息安全实验室等专业机构检测合格后的专业笔记本电脑，要求厂家人员签署信息安全防护承诺书，

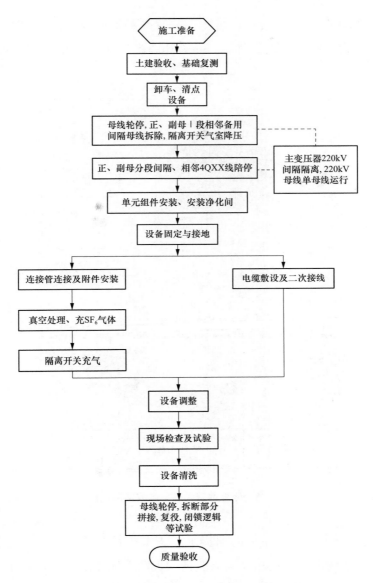

图 7-32 某 220kV 间隔扩建施工工序流程图

确保作业过程中不连接外网及给手机充电，不安装使用与作业无关的软件等，确保导入的文件无病毒或恶意代码植入等。

2）逻辑参数下装联调前要求厂家做好数据库备份，同时遥控联调时运维人员须配合做好站内运行断路器测控装置的安措隔离。测控逻辑参数下装安措隔离图如图 7-33 所示，将测控装置断路器间隔远方/就地切换开关切至就地位置，测控装置断路器、隔离开关遥控分、合闸出口压板取下。

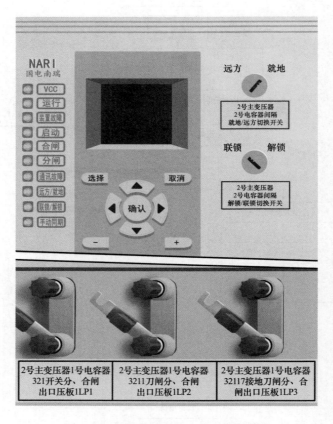

图 7-33  测控逻辑参数下装安措隔离图

3）在现场设备具备条件的前提下，逻辑闭锁验证应全面，监控后台、测控装置、现场电气闭锁均应独立验证"五防"闭锁的完善性和正确性。

（10）GIS 设备拼接时，为防止拼接气室与相邻气室间绝缘盆子两侧气体压差过大造成受力损坏，相邻气室压力减半，拼接结束相邻设备充气至正常压力。拼接前后运维人员应有意识地检查作业相邻气室的压力变化是否正常，GIS 间隔扩建相邻隔离开关气室的拼接前后压力变化图如图 7-34 所示。

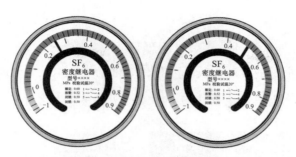

图 7-34　GIS 间隔扩建相邻隔离开关气室的拼接前后压力变化图

（11）改扩建工程结束，运维人员应编制改扩建工程设备验收执行卡，逐项检查验收，运维人员持设备验收执行卡逐项验收图如图 7-35 所示。

（12）参照验收执行卡，一次设备运维验收重点核实现场一次设备的位置状态，设备油路、气路阀门状态、表计指示等。

1）逐一核对改扩建区域相关断路器、隔离开关等设备状态，特别是三相联动的设备位置指示，要求连杆两侧 A、C 相均应有位置指示，以免连杆中间异常断开，三相位置不一致，且不易被发现，GIS 隔离开关设备的位置指示图如图 7-36 所示。

图 7-35　运维人员持设备验收
执行卡逐项验收图

图 7-36　GIS 隔离开关设备的
位置指示图

2）验收时认真核对各充油设备油路、充气设备气路阀门开闭状态，确保气路、油路正常。主变压器冷却器主油路蝶阀阀门开启状态图如图 7-37

所示。

3）油压、气压、油位等表计应做好正常值标识，便于后续巡视监测，有利于在信号报警前及时发现指示值的微小异常变化，采取控制措施。SF$_6$表计正常压力指示值标识标注图如图7-38所示。

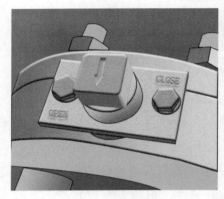

图7-37　主变压器冷却器主油路
蝶阀阀门开启状态图

图7-38　SF$_6$表计正常压力
指示值标识标注图

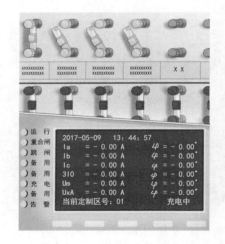

图7-39　保护二次压板、定值区状态图

（13）参照验收执行卡，二次设备运维验收重点核实二次设备空气开关、压板、切换开关、指示灯、定值区、端子排连片等状态。

1）逐一核对保护、测控等设备二次压板、空气开关、切换开关、定值区等状态是否正常。保护二次压板、定值区状态图如图7-39所示。

2）保护、测控电流电压等回路开断点安措恢复检查，防止电压电流回路开路，间隔送电后，造成事故。电流、电压端子排连片连接状态图如图7-40所示。

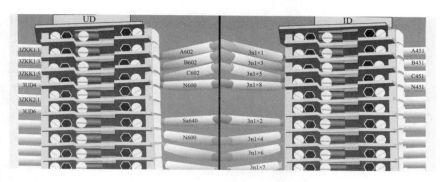

图 7-40  电流、电压端子排连接片连接状态图

3）二次工作验收时要核对定值，与检修人员打印该保护全部定值区，并与上级调控部门下发的整定单进行逐页、逐项核对定值，核对无误后检修、运维人员确认签名。线路保护定值单核对签名图如图 7-41所示。

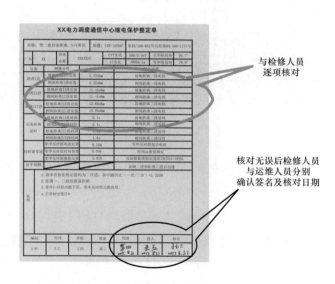

图 7-41  线路保护定值单核对签名图

（14）参照验收执行卡，监控设备运维验收重点核对监控后台改扩建相关的光字牌、报表、图表等画面的完善情况，根据运维监盘需求，提出改进完善意见，有利于改扩建设备正常运行监视和运维工作。

1）检查后台光字信息是否有遗漏，命名是否有歧义，检查扩建间隔负荷、电能等报表是否有遗漏等。

2）后台光字信息验收特别需关注容易被遗漏的备用间隔相关设备告警信息的完整性。备用间隔的告警信息检查验收图如图 7-42 所示，检查"220kV 备用 1 线 1 气室低气压告警"、"220kV 备用 1 线 2 气室低气压告警"、"220kV 备用 1 线 3 气室低气压告警"等备用间隔告警信息是否与现场设备异常信息需求报送相符，确保无遗漏。

图 7-42　备用间隔的告警信息检查验收图

3）配合现场一、二次验收人员的验收试验，检查后台光字、报文等动作信息的正确性、完备性。

（15）检修结论审核，审核检修人员对检修的内容、项目、发现的问题、设备是否可投运等是否交代清楚，根据现场验收情况，填写验收结论。此与常规工作票验收、检修结论填写审核要求一致。

（16）配合整个改扩建工程验收组，按照运维管理要求，配合做好运维验收组相关验收，设备验收责任到人，各专业验收结束，填写工程验收消缺闭环单，提出限期整改意见，督促整改，复验闭环。××变电站 2 号主变压器工程竣工预验收消缺闭环单如图 7-43 所示。

XX 变电站 2 号主变压器 工程竣工预验收消缺闭环单

| 序号 | 缺陷内容 | 消缺意见 | 责任单位 | 消缺时间 | 责任人签字 | 监理验收 | 复验人签字 | 备注 |
|---|---|---|---|---|---|---|---|---|
| | 运维组 | | | | | | | |
| 1 | 2号主变压器C相油色谱本体连接处渗油 | 排查解决 | | | | | | 图片 |
| 2 | 2号主变压器槽盒、接线盒、流变等接头处防火未封堵，接头处需用玻璃胶封上 | 全部检查封堵 | | | | | | 图片 |
| 3 | 2号主变压器C相取油样阀有渗油现象，需检查处理 | 检查处理 | | | | | | |
| 4 | 2号主变压器冷却器接线槽盒过高，导致风机接线盒存在进水的风险 | 检查处理 | | | | | | |
| 5 | 2号主变压器中性点升高座流变二次接线盒备用芯无保护头套 | 全部检查处理 | | | | | | |
| 6 | 2号主变压器本体温包无防雨罩 | 检查处理 | | | | | | |
| 7 | 2号主变压器C相其中一个压释放阀阀门未打开,需全面排查 | 全部排查 | | | | | | |
| 8 | 2号主变压器总端子箱右侧一槽盒备用芯无保护套 | 全部检查处理 | | | | | | |
| 9 | 500kV主变压器避雷器喷口方向需调整 | 检查整改 | | | | | | |
| 10 | 2号主变压器35kV侧电抗器为未加防雨罩,需厂家确认。 | 检查安装 | | | | | | |
| 11 | 并联电容器本体端子箱下部电缆需加装槽盒。 | 检查更改 | | | | | | |
| 12 | 35kV开关机构内加热器未加防护罩。 | 检查处理 | | | | | | |

图 7-43 ××变电站 2 号主变压器工程竣工预验收消缺闭环单

≫【典型案例】 变电站改扩建工程设备状态变动掌控不准确导致设备复役时 220kV GIS 母刀气室击穿母线跳闸的典型事件案例

1. 案例描述

2014 年 4 月 9 日，500kV 丁卯变电站现场在完成省送变电公司实施的内容为"1. 正母Ⅱ段母线气室抽气；2. 拆除备用间隔与 4 号主变压器单元之间的正母Ⅱ段母线连接管，使用密封盖封堵；3. 抽真空、充气至额定压力，微水试验（静置 24h）合格后 3 号主变压器侧正母Ⅱ段恢复送电；4. 220kV 正母Ⅱ段压变 C 级检修"的工作终结后，按计划进行 220kV 正母Ⅱ段送电复役操作，现场在执行"丁卯变电站 220kV 正母Ⅱ段由检修改为运行（包括压变改运行）"过程中，母差保护动作跳闸，220kV 正副母Ⅱ段相关出线断路器、正母分段、副母分段及 3 号主变压器 220kV 断路器跳闸。500kV 丁卯变电站误操作 GIS 母线隔离开关引起母线跳闸事故主接线示意图如图 7-44 所示。

现场工作终结后，丁卯变电站现场运维人员在执行省调操作指令"丁卯变电站 220kV 正母Ⅱ段由检修改为运行（包括压变改运行）"过程中，220kV 正母Ⅱ段已完成充电，卯辛 4P29、卯酉 4P31、3 号主变压器 220kV

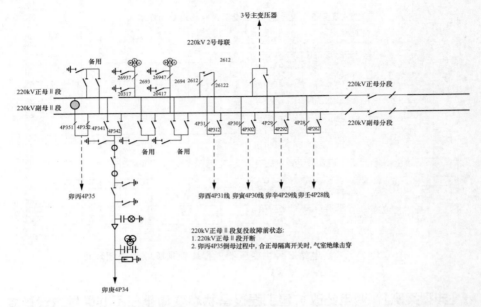

图 7-44 500kV 丁卯变电站误操作 GIS 母线隔离开关引起母线跳闸事故主接线示意图

侧断路器已完成倒母，操作正常。14 时 37 分，操作至"合上卯丙 4P351 正母隔离开关"（实际方案中正母Ⅱ段开断后，卯庚 4P34、卯丙 4P35 不能随母线复役）步骤时，正副母Ⅱ段母差保护动作，220kV 正副母Ⅱ段相关出线断路器、正副母分段断路器跳闸。2 号母联断路器因倒母操作改为非自动，未跳闸。

现场检查发现卯丙 4P351 正母隔离开关 GIS 气室外壳有明显电弧放电痕迹。220kVⅡ母上其他设备外观检查无异常。220kV 正副母Ⅱ段母差保护动作，差流二次最大值为 11.64A。

2. 原因分析

现场运维人员对现场改扩建工程项目过程和施工方案未真正理解，运维值班人员不清楚母线开断情况和操作要求，正母Ⅱ段 GIS 管形母线开断后，卯庚 4P34、卯丙 4P35 不能随母线复役。由于改扩建 GIS 设备拼接安装需要，卯庚 4P34、卯丙 4P35 及开断的正母Ⅱ段 GIS 气室为抽真空或减半压状态，设备不能投入运行。

运维人员在接受调度指令进行"220kV 正母Ⅱ段由检修改为运行（包

括电压互感器改运行)"操作时，也未能意识到母线开断对母线复役操作的状态影响。监控后台也没有任何提示，现场施工人员项目交底也未能提醒，运维管理人员也未能提前做好针对性的风险管控，实际工作票结束时，施工单位工作票负责人员作出"工作已完成，设备可投运。"的工作结论时，未提出异议，误认为 220kV 正母 Ⅱ 段可全部投入运行。

现场运维人员操作前，未全面检查核对现场设备状态，未能了解现场 220kV 正母 Ⅱ 段实际所辖的设备间隔，同时母线范围内的设备状态检查，未能认真核对相关设备的气室压力，导致最后复役操作前的状态检查关把控不严，引起母线短路建弧后果。

3. 防控措施

(1)完善基建项目风险预控机制，严抓停电计划、施工方案等源头管理，落实专人深度参与各项扩建工程协调工作。工程协调人对项目必须做到全程了解，对存在安全隐患和风险必须认真组织辨识。对辨识出的风险，根据大小级别，明确管控责任人和管控措施。加强现场安全巡查，监督各环节对风险防控措施的组织和落实。

(2)切实提升专业管理水平，对非本公司实施的项目，为保证工程安全、顺利开展，公司专业管理人员应积极主动地参与方案审核。施工方案必须与项目实际情况相符，必须有详细的危险点分析和安全管控措施。加强停役申请报送前的审核工作，规范填报要求，特殊运行方式，必须予以强调，保证与调度有效配合。

(3)强化运维管理，增强运维人员的设备主人意识。工作结束验收时，要仔细核查设备状态是否与许可前一致，停役和复役条件是否改变等危险情况，要求检修负责人的工作交底和检修结论必须交代清楚；及时掌握设备状态，操作前认真进行核对。特殊状态下，后台无法有效、正确地进行模拟预演时，要及时在模拟图板上作出标识；对重要危险源，实现挂牌监督的方式，在现场显目位置张贴"当日工作动态"，让现场人员及时了解当日工作内容、停电范围、重要风险和防控措施。认真开展 GIS 设备运行和操作风险分析，严密关注 GIS 设备扩建工程管理流程各环节，进一步提高

GIS 设备扩建过程运维安全管控水平。

（4）加强运维人员岗位技能培训，特别是 GIS 专业知识培训，做到熟悉 GIS 设备构造、薄弱环节和检修运维的注意事项。向设备厂家收集各类改扩建项目施工过程和作业方式，组织培训，提高公司专业技术人员和运维人员对 GIS 设备特殊运行方式下的风险辨识能力；加强对现场运维人员相关业务技能的培训，提高运维人员把握设备运行方式和审核调度指令等的能力。

# 任务四  改扩建工程启动前、后运维工作

## ≫【任务描述】

本任务通过图解示意的方式，讲解改扩建工程竣工后设备启动前设备状态的检查、运行方式的调整与核对、运行台账的维护与修编、启动方案的学习与审查、启动过程中"两票"编制审核等相关准备工作；讲解设备启动后开展的特巡、红外测温、数据抄录等运维管理工作。

## ≫【知识要点】

（1）启动前的台账资料管理。包括变电站现场运行规程、典型操作票、相关设备定期切换、日常维护周期表等修订编制完毕，并经审核、批准；以及资料收集并入档，如台账、图纸、技术手册、使用说明书、出厂报告、交接试验报告、安装调试报告、产品软件等；并且工具移交齐全，如钥匙、操作手柄、备品备件等。

（2）人员技能培训。了解设备性能，掌握操作方法，领会巡视要点；审查及学习启动试验方案，确保调度实施方案的正确性，掌握启动范围，了解启动试验项目，明确每一步操作的目的及意义，并做好事故预想。

（3）设备状态核对及运行方式调整。工程通过竣工验收，验收单中所有问题已闭环确认签名，启动范围内的所有设备均符合安全运行的要求，

设备名称标牌、标签等齐全，具备投运条件；根据启动要求调整运行方式，拟写启动操作票并审核，预审相关试验工作票。

（4）启动后，开展设备特巡，抄录相关数据，维护台账，完善标签。

## 【技能要领】

（1）规程修编。变电站现场运行规程是现场一、二次设备和相关辅助设施正常运行、倒闸操作、异常和事故处理的依据，必须确保内容更新及时、全面、有效，且需经专业审核、批准。如图 7-45 所示，改扩建工程涉及一次设备变动，应对一次运行规程进行及时更新。同时，准备新（改）建设备加入系统运行的申请书，向各级管辖调度部门递交投运申请。

**甲子变电站一次运行规程修订审批单**

| 现场运行规程修改原因： | |
|---|---|
| 1号主变压器间隔设备投运 | |

| 修改说明 | 备注 |
|---|---|
| 1号主变压器间隔设备投运对相关运行规程内容进行修订 | 修订 |
| | |
| | |

| | 签名 | 日期 |
|---|---|---|
| 修订人 | 赵一 | 8月7日 |
| 审核人 | 钱二 | 8月8日 |
| 审定人 | 张三 | 8月9日 |
| 批准人 | 何四 | 8月10日 |

**甲子变电站一次运行规程修改内容表**

| 修改时间 | 修改原因及内容 | 修订人 | 审核人 | 审定人 | 批准人 |
|---|---|---|---|---|---|
| XXXX年XX月 | 2号主变压器、甲卯Ⅰ线、甲卯5021开关、甲卯/2号主变压器5022开关、2号主变压器5023开关、220kV母线，正母分段开关、1号母联开关、2号母联开关，甲双4401线，甲元4404线、甲白4414线及从属设备投运。 | 赵一 | 钱二 | 张三 | 何四 |
| XXXX年XX月 | 甲丑Ⅰ线、甲辰Ⅰ线、甲丑5041开关、甲丑5042开关、甲辰5032开关、甲辰5033开关及从属设备投运。 | 赵一 | 钱二 | 张三 | 何四 |
| XXXX年XX月 | 甲寅Ⅰ线、甲寅Ⅰ线5031开关、甲润4407、甲润4408线及从属设备投运。 | 赵一 | 钱二 | 张三 | 何四 |
| XXXX年XX月 | 甲辰Ⅱ线、甲卯Ⅱ线、甲辰5043开关、甲卯5012开关、甲卯5013开关及从属设备投运。 | 赵一 | 钱二 | 张三 | 何四 |
| XXXX年XX月 | 甲崇4405，甲溪4406线及从属设备投运。 | 赵一 | 钱二 | 张三 | 何四 |
| XXXX年XX月 | 2号主变压器加装中性点小电抗器及从属设备投运。 | 赵一 | 钱二 | 张三 | 何四 |
| XXXX年XX月 | 备保护小室（35、21、22、51、52）110V直流系统在线监测装置更换为HY-DC2000型。 | 赵一 | 钱二 | 张三 | 何四 |
| XXXX年XX月 | 甲元4404、甲元4414线路加装器；甲元4404线路闸刀及流变更换。 | 赵一 | 钱二 | 张三 | 何四 |
| XXXX年XX月 | 甲崇4405、甲双4401线、甲溪4407、甲润4408、甲溪4406线路加装避雷器。 | 赵一 | 钱二 | 张三 | 何四 |
| XXXX年XX月 | 1号主变压器、1号主变压器5011开关、1号主变压器/甲卯5012开关、甲白4415、甲泽4416、甲癸4413、甲秀4414线及从属设备投运。 | 赵一 | 钱二 | 张三 | 何四 |

图 7-45 运行规程修改审批单及修改说明

（2）竣工验收。设备投产前需通过工程竣工验收，运维人员应检查核对竣工验收消缺闭环单中的所有问题均处理完毕，相关负责人完成确认签名。竣工验收消缺闭环单如图 7-46 所示。

| 序号 | 缺陷内容 | 消缺意见 | 责任单位 | 消缺时间 | 责任人签字 | 监理验收 | 复验人签字 | 备注 |
|---|---|---|---|---|---|---|---|---|
| 一、开关组(赵一、赵二) | | | | | | | | |
| 1 | 220kV 闸刀分合闸指示不到位 | 全部排查整改 | 厂家 | 8月8日 | 责一 | 监一 | 赵一 | |
| 2 | 220kV 接地闸刀和快速地刀不应通过外壳接地 | 整改 | 厂家 | 8月8日 | 责一 | 监一 | 赵一 | |
| 3 | XXXX | XXXX | XXXX | XXXX | XXXX | XXXX | XXXX | |
| 二、三变组(钱一、钱二) | | | | | | | | |
| 1 | 主变压器A相冷却器控制箱内固定螺栓垫片生锈有杂物 | 更换垫片及清理 | 省送 | 8月8日 | 责一 | 监一 | 钱一 | |
| 2 | 主变压器A相电缆槽盒固定不锈钢螺丝未拧紧 | 紧固 | 省送、厂家 | 8月8日 | 责一 | 监一 | 钱一 | |
| 3 | XXXX | XXXX | XXXX | XXXX | XXXX | XXXX | XXXX | |
| 三、运行准备组(张一、张二) | | | | | | | | |
| 1 | 保护报文的波形无法通过后台网络打印机打印 | 后台开放打印功能 | 厂家、省送 | 8月8日 | 责一 | 监一 | 张一 | |
| 2 | 所用电备自投逻辑有误,必须所有开关同时在自动或远控状态,导致单开关检修时无备自投功能 | 开关状态一一对应,并修改软件 | 省送、厂家 | 8月8日 | 责一 | 监一 | 张一 | |
| 3 | XXXX | XXXX | XXXX | XXXX | XXXX | XXXX | XXXX | |
| 四、安全环保组(何一、何二) | | | | | | | | |
| 1 | 站用变压器事故排油系统集油井内鹅卵石落入 | 投运前完成清 | 省送 | 8月8日 | 责一 | 监一 | 何一 | |
| 2 | 站用变压器事故排油管和#1主变排油管的转弯连接井内有电缆穿管孔未封堵 | 建议按图施工,投运前完成封堵 | 省送 | 8月8日 | 责一 | 监一 | 何一 | |
| 3 | XXXX | XXXX | XXXX | XXXX | XXXX | XXXX | XXXX | |
| 五、母线构架组(吕一、吕二) | | | | | | | | |
| 1 | 220kV 第5构架线路侧C相瓷瓶串应倒挂 | 整改 | 施工、设计 | 8月8日 | 责一 | 监一 | 吕一 | |
| 2 | 220kV 第1构架中串线路侧瓷瓶有污秽 | 整改 | 施工、设计 | 8月8日 | 责一 | 监一 | 吕一 | |
| 3 | XXXX | XXXX | XXXX | XXXX | XXXX | XXXX | XXXX | |
| 六、土建组(施一、施二) | | | | | | | | |
| 1 | 生活泵房扶手、楼梯焊接粗糙,工艺、油漆不合格 | 整改 | 省送、设计 | 8月8日 | 责一 | 监一 | 施一 | |
| 2 | 空调安装处部分踏脚线掉下、需处理 | 整改 | 省送、设计 | 8月8日 | 责一 | 监一 | 施一 | |
| 3 | XXXX | XXXX | XXXX | XXXX | XXXX | XXXX | XXXX | |
| 七、保护组(云一、云二) | | | | | | | | |
| 1 | 要求提供合并单元、智能终端最终版本确认联系单 | 整改 | 省送、厂家 | 8月8日 | 责一 | 监一 | 云一 | |
| 2 | 保护装置积灰严重,要求屏顶、屏内交换版机面、保护装置面、ODF盒内灰均要求清扫干净 | 整改 | 省送、厂家 | 8月8日 | 责一 | 监一 | 云一 | |
| 3 | XXXX | XXXX | XXXX | XXXX | XXXX | XXXX | XXXX | |
| 八、消防安保组(苏一、苏二) | | | | | | | | |
| 1 | 尚未取得消防设计审核及验收合格意见 | 投运前取得 | 业主、省送 | 8月8日 | 责一 | 监一 | 苏一 | |
| 2 | 现场安装主变压器SP控制及报警回路与图纸不符;图纸中SP小室1号主变压器管道与现场实际敷设管道不符 | 图纸与施工一致 | 设计、省送 | 8月8日 | 责一 | 监一 | 苏一 | |
| 3 | XXXX | XXXX | XXXX | XXXX | XXXX | XXXX | XXXX | |
| 九、远动监控组(潘一、潘二) | | | | | | | | |
| 1 | 5022开关、5052开关温湿度显示不正确 | 整改 | 省送 | 8月8日 | 责一 | 监一 | 潘一 | |
| 2 | 主变压器CVT功能未完成 | 整改 | 省送、厂家 | 8月8日 | 责一 | 监一 | 潘一 | |
| 3 | XXXX | XXXX | XXXX | XXXX | XXXX | XXXX | XXXX | |

图 7-46　竣工验收消缺闭环单

（3）技能培训技术交底。新设备投运前，运维人员要进行学习培训，做到对新设备的"三懂两会"（懂原理、懂性能、懂结构、会操作、会维护）。变电运维人员应认真组织审查及学习启动试验方案，确保调度实施方案的正确性，掌握启动范围，了解启动试验项目，明确每一步操作的目的及意义，并做好事故预想。

（4）逻辑验证及状态调整。在设备带电前编制闭锁逻辑验证表（见图 7-47），进行逻辑验证及操作试验，确保设备各项功能满足要求。新设备启动前，根据调度启动方案，核对设备状态，若设备状态与方案要求不一致，请当班调度按启动方案要求进行调整，并核对、执行新设备临时继电保护整定单；全面检查核对变电站保护、安控装置、站用电系统、直流系统、控制保护回路、通信装置电源、主变压器风冷装置等是否正常，特别要逐一对变电站保护装置压板投退正确性进行检查核对；准备好相应的操作票。

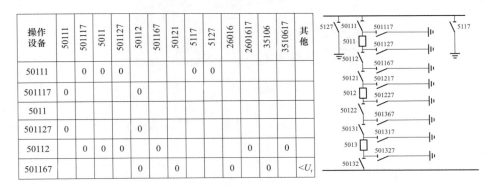

| 操作设备 | 50111 | 501117 | 5011 | 501127 | 50112 | 501167 | 50121 | 5117 | 5127 | 26016 | 2601617 | 35106 | 3510617 | 其他 |
|---|---|---|---|---|---|---|---|---|---|---|---|---|---|---|
| 50111 | | 0 | 0 | 0 | | | | 0 | 0 | | | | | |
| 501117 | 0 | | | 0 | | | | | | | | | | |
| 5011 | | | | | | | | | | | | | | |
| 501127 | 0 | | | | 0 | | | | | | | | | |
| 50112 | | 0 | 0 | 0 | | | | | | | 0 | | 0 | |
| 501167 | | | | 0 | | 0 | | | | 0 | | 0 | | $<U_r$ |

图 7-47 闭锁逻辑验证表

（5）新设备巡视及测温。设备启动后，一般要经过 24h 试运行和 168h 试运行。在这期间，检查新设备启动后，对全变电站设备的影响，即负荷变化情况是否满足要求；观察设备外观、油位变化、压力变化、负荷大小与发热情况。跟踪记录避雷器泄漏电流监测仪的读数，待读数稳定后制作并粘贴标签，如图 7-48 所示。检查继电保护的运行信息，如保护的采样、通信情况及监控系统的信息对应情况；再次核对装置压板投退正确性，开展继电保护定值"三核对"；同时关注全变电站保护、安控装置、站用电系统、直流系统、控制保护回路、通信装置电源、主变压器风冷装置运行情况是否正常，及时发现异常并处理。

图 7-48　避雷器表计标签制作

（6）总结新设备的试运行情况，向相关管辖调度部门汇报，履行相关流程，正式投运。

≫【典型案例】

案例一：新设备启动工作方案、相关倒闸操作票编制审核及现场把关不严，导致事故扩大变电站全停

1. 事件经过

2014 年 8 月 9 日，某 500kV 甲子变电站 500kV 甲丑线因吊车碰线 A 相故障，线路保护动作跳开 5041 断路器，5042 断路器未跳开，站内其余 5 回 500kV 线路对侧后备保护动作跳闸，500kV 甲子变电站全停，构成五级电网事件。

甲子变电站500kVⅠ、Ⅱ母并列运行，第一串（甲卯Ⅱ线、1号主变压器）、第二串（2号主变压器，甲卯Ⅰ线）、第三串（甲寅Ⅰ线、甲辰Ⅰ线）、第四串（甲丑线、甲辰Ⅱ线）整串运行，甲子变电站相关500kV系统接线如图7-49所示。

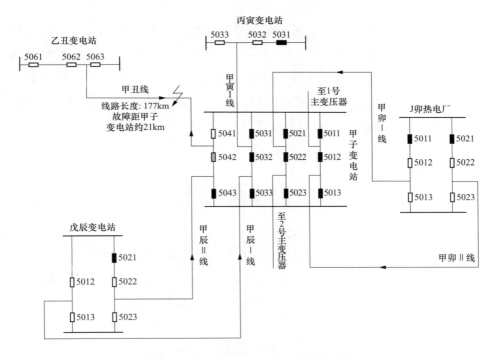

图7-49　甲子变电站500kV系统接线图

### 2. 原因分析

保护动作情况：8月9日9时13分15秒，500kV甲丑线两侧PSL603GAM、CSC103C差动保护及距离Ⅰ段保护动作，乙丑变侧跳开5062、5063断路器，甲子变侧跳开5041断路器，由于甲安线保护跳5042断路器出口压板及启动5042断路器失灵压板未投入，甲子变侧5042断路器未跳开。500kV戊辰变甲辰Ⅰ、Ⅱ线零序Ⅲ段动作跳开5012、5013、5022、5023断路器，500kV丙寅变500kV甲寅Ⅰ线零序Ⅲ段动作跳开5032、5033断路器，500kV丁卯热电厂甲卯Ⅰ、Ⅱ线零序Ⅲ（Ⅱ）段动跳开 5012、5013、5022、5023 断路器。

压板未投原因分析：2013 年 7 月 15 日，500kV 甲子变按调度令启动 500kV 甲丑线，由于同串 500kV 甲辰Ⅱ线当时还未建成，本次 500kV 甲丑线启动未投运 5042 断路器，仅投运了 5041 断路器。2013 年 9 月 11 日，站内按调度令启动 500kV 甲辰Ⅱ线及 5042、5043 断路器。操作人田××、监护人王××、值班负责人黄××在操作票填写、审核及执行中仅对甲辰Ⅱ线两套保护相关压板进行了核对检查及投入操作，未对已运行的甲丑线两套线路保护跳 5042 断路器出口压板及启动 5042 开关失灵压板进行核对检查及投入操作，相关保护原理图见图 7-50。在投运后近一年的巡视检查中，运维人员也未发现上述压板未投入。

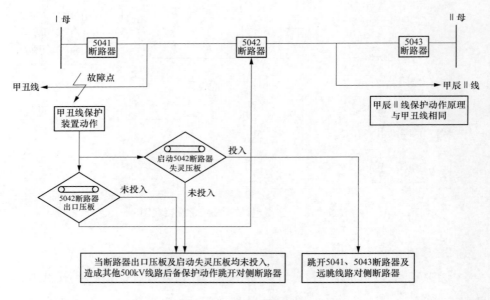

图 7-50　相关保护原理图

3. 防控措施

（1）做好新设备启动组织管理。提前分析改扩建设备投运过程中的危险点，落实风险控制措施，做好新设备启动生产准备，组织开展对新投产设备的技术培训，针对新设备投运组织修订现场运行规程，完善典型操作票。严格把关新设备启动工作方案、相关倒闸操作票编制审核。

（2）加强变电运维管理。提升变电运维人员教育，加强业务技能培训，熟悉设备二次回路，提高倒闸操作票填写质量。加强设备运行巡视质量，认真落实隐患专项排查工作部署，及时发现隐患。

（3）加强电力设施保护工作。线路运维单位全面掌控线下施工作业点，及时发现线路外力破坏隐患，落实三级护线巡视。

**案例二：改扩建工程验收不到位，光字牌点位不正确，留下严重安全隐患**

1. 事件经过

2016 年 8 月 3 日，运维人员在 500kV 甲子变电站设备巡视过程中，发现 220kV GIS 正母 I 段 10 号气室表计压力为 0（气室内 $SF_6$ 实际压力为 1 个大气压）。

2. 原因分析

监控后台检查发现备用甲珠 43D8 线间隔报"其他气室 $SF_6$ 压力降低报警"光字。查阅监控后台告警信息记录，7 月 23 日 16：29：14 发出"其他气室 $SF_6$ 压力降低报警"信号，8 月 3 日 21：43：49 复归（现场处理并更换表计）。

3. 防控措施

（1）现场运维人员在监控后台制作光字牌时，认真检查，仔细核对，及时发现光字牌遗漏、错误等。

（2）工程验收时，编制完善的验收项目表，验收前要经相关人员审核。每一个设备，每一个信号、每一块光字都要进行验证。

（3）提升岗位责任意识，提高业务分析能力。全面掌控设备信息，及时发现异常信号，并准确判断，确保电网安全运行。

（4）完善现场运行规程，对合并接入监控后台告警信号的具体内容进行详细说明，确保现场运维人员能第一时间发现并判断异常光字信号，使运维人员掌握站内特殊点的信号告警信息。

# 任务五 改扩建工程的消防、安防、防小动物管理

## 》【任务描述】

本任务主要讲解改扩建工程中涉及的消防、安防、防小动物管理相关工作。根据改扩建内容，做好消防、安防、防小动物工作的过程管理和验收，并根据改扩建工程性质增加消防、安防、防小动物设施和完善相关消防、安防智能系统，编制和修订相关运行规程和管理制度。通过图解示意的方式，了解消防、安防、防小动物等方面的相关规定，以及验收的相关标准等；掌握消防智能系统的工作原理、报警设置及信息读取方法；会操作、会维护主变压器SP泡沫喷淋系统，掌握主变压器灭火的操作步骤。

## 》【知识要点】

（1）变电站消防、安防系统是服务于电网的专用系统，是实现变电站无人值守、安全生产、调度自动化和电力企业管理现代化的生产辅助系统，确保电网的安全、稳定、经济运行。消防、安防、防小动物设施随变电站的改扩建而更新。

（2）消防系统包括智能消防系统、消防报警联动控制系统（消防主机、感烟探测器、感温电缆、红外探头等）、主变压器SP泡沫喷淋系统、消防信号上传、消火栓系统、消防应急照明等。

（3）安防设施主要包括红外线对射报警（控制器、红外对射探头）、脉冲式电子围栏防盗报警系统（包括控制器、报警器）、防入侵振动报警系统（包括控制器、报警器、探测器）等。

（4）消防、安防、防小动物设施随变电站的改扩建而更新。改扩建工程新建区域应配置完善相应的视频安防、消防、环境监测等系统，以便能够实现远方监视和控制；改扩建工程中涉及的消防、安防、防小动物设施应与主设备做到"三同时"（同时设计、同时施工、同时验收）。

**【技能要领】**

（1）方案审核。在改扩建工程开始施工之前，要了解工程概况，并对施工方案进行审查。在方案中应明确消防、安防系统的具体施工条款，且所涉系统和设备应满足标准规范的要求，应与原有系统匹配，满足现场要求，具备施工条件。仔细核对设计图纸，特别是与原系统的搭接面要清晰，电源布置要合理，容量配置和级差设计均符合规范。

（2）施工管理。施工过程做好安全和质量管理，按图施工，及时做好填埋工程的监督和验收。运行变电站因工作需要开挖已封堵的孔洞，应与当值联系，并做到当天开挖、当天封堵、人离即封堵，实行"谁开挖，谁封堵"的原则。如影响次日工作，也应采取可靠的临时措施，但需经当值运维人员验收。施工过程中受损的防火设施应及时恢复，并由运行部门验收。在防火重点部位或场所以及禁止明火区，如需动火工作时，必须执行动火工作票制度。

（3）运行准备。

1）根据系统运行要求，编制消防规程。修订消防点位（总布置图），消防（安防）设施检查记录簿；及时更新防火档案，如图7-51所示，增加消防设施，修改消防设施分布图、防火重点部位及防火责任人名单、完善消防器材、设施及安防设施清单。

图7-51　消防档案

2）消防器材实行"三定"（定人保管、定位放置、定时检查）管理。消防器材应分别置于明显和便于取用地点。灭火器箱应设禁止阻塞线及标志并编号。针对 UPS、消防报警主机等屏柜的特殊性，可因地制宜增加低温热气溶胶灭火装置等。消防设施放置图如图 7-52 所示。

图 7-52　消防设施放置图

3）根据改扩建设备性质悬挂或粘贴对应的警示牌，如"禁止烟火""防火重点部位"等。每个防火重点部位还要确定唯一的防火责任人。禁止烟火区包括主控室、继保室、电缆层（电缆竖井）、计算机室、蓄电池室、所用电室、直流室、通信房（远动机房、微波机房）、主设备区域、库房、资料室、监控电源室、安全工器具室。防火重点部位是指火灾危险性大、发生火灾后损失大，伤亡大，影响大（简称"四大"）的部位和场所，并分为第一类防火（主变压器、高抗、蓄电池室、电缆竖井）和第二类防火（主控室、继保室、电缆层、计算机室、所用电室、直流室、通信（含微波）机房）。对应警示牌悬挂图见图 7-53。

4）各变电站消防主机均应具有防误碰措施，并粘贴有"非紧急情况，不得启用"的标签。消防主机醒目位置应张贴操作流程图。操作方式、重要回路等更改后，应及时更新。消防主机粘贴标识如图 7-54 所示。

图 7-53　对应警示牌悬挂图

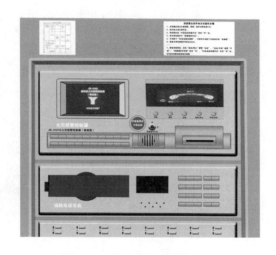

图 7-54　消防主机粘贴标识图

（4）电缆验收。如图 7-55 所示，电缆分层布置，相关电缆采用抽屉式槽盒。同一通道内不同电压等级的电缆，应按照电压等级的高低从上向下排列，分层敷设在电缆支架上。电缆夹层、电缆竖井、电缆沟中敷设的直流电缆和动力电缆均应选用阻燃电缆；非阻燃电缆应包绕防火包带或涂防火涂料（涂刷应覆盖阻火墙两侧不小于 1m 范围）。采用排管、电缆沟、隧道、桥梁及桥架敷设的阻燃电缆，其成束阻燃性能应不低于 C 级。与电力电缆同通道敷设的低压电缆、非阻燃通信光缆等应穿入阻燃管，或采取其他防火隔离措施（防火涂料不少于 3 遍的涂刷）。

（5）防火验收。电缆竖井、电缆沟中的电缆应采取防火隔离、分段阻燃措施，阻火墙最远不超过 60m。靠近充油设备的电缆沟，应设有防火延燃措施。电缆沟内严禁积油。变压器及其他油浸式电气设备，应检查储油坑卵石层，符合要求。电缆通道、夹层应保持整洁、畅通，消除各类火灾隐患，通道沿线及其内部不得积存易燃、易爆物。

（6）封堵验收。封堵要牢固美观，全面密封，做到底有支撑，侧有防护。凡穿过墙壁、楼板或电缆沟进入控制室、电缆室、控制柜及仪表盘、保护盘、端子箱开、关操作机构箱等处的电缆孔、洞、竖井和进入油区的电缆入口处，必须用防火堵料严密封堵（其中继保室内控制柜、仪表盘、保护盘等孔洞应先用无机类板覆盖后再用有机堵料封堵）。保护屏的封堵如图 7-56 所示。

图 7-55 电缆布置及防火措施图

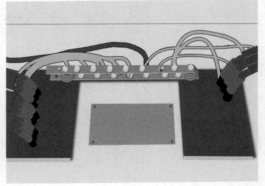

图 7-56 保护屏封堵

（7）防小动物管理。改扩建工程涉及的相关控制屏柜、开关柜、电气间隔、端子箱和机构箱等应采取防止小动物进入的措施，设备室通往室外的电缆沟、道应严密封堵，因施工移除、拆动封堵材料后应及时堵好；小室门口的防小动物措施主要有隔离挡板加粘鼠板，隔离挡板的高度要符合要求，安装牢固。粘鼠板要定置摆放，定期更换。

（8）系统调试及功能验证。改扩建工程后火灾自动报警系统的完善包括火灾报警控制器系统设置、感烟探测器布点、感温电缆敷设、红外探头、手动报警装置、声光报警器的增删和联动模块的调试等。工程完工后，根据编制好的验收方案对系统的功能进行验证。验证前一定要做好防止影响其他设备正常运行的安措。手动报警采取触发报警按钮的方式；感温电缆采取现场短接的方式；红外探头、感烟探测器和感温探测器等采取模拟烟雾的方式。按下报警按钮、短接或模拟烟雾后，消防报警主机应有相应的报警信息、监控后台对应光字牌亮。客户端监控系统程序应运行正常、声音播放服务应运行正常。无网络连接故障等重要报警。泡沫液罐体、各氮气瓶压力表指示为零；电动阀处于"关闭"状态；无尖锐气体泄漏声；各模块屏柜内无异常声音、气味。火灾自动报警系统拓扑图如图 7-57 所示，火灾报警控制器动作示意如图 7-58 所示。

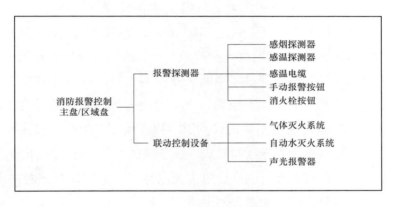

图 7-57　火灾自动报警系统拓扑图

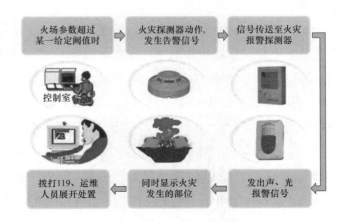

图 7-58　火灾报警控制器动作示意图

（9）技能培训及资料收集。熟悉改扩建的消防设施，掌握工作原理，熟练操作各类消防系统。竣工验收后，收集竣工资料、备品、备件等并建档。

（10）主变压器消防灭火要点。

1）当前涉及的主变压器改扩建，要求主变压器高中压侧开关常闭辅助接点串入消防二次控制出口回路，经验收合格后，消防主机打"自动"位置，实现火灾情况下主变压器高中压侧断路器跳开后自动喷淋灭火。

2）主变压器发生火情时，通常会伴有主变压器高中压侧断路器跳开、重瓦斯动作、差动保护动作、主变压器消防告警等重要信号。按照要求，应在主变压器火情发生、断路器跳开后 10min 内实现喷淋出口。

3）值班人员应该迅速通过查看监控后台，消防智能远控系统报告，调控工业视频，现场反馈等手段，判断主变压器火情。特别注意监控后台仅出现"重瓦斯跳闸"信号，需经现场人员确定火情。而监控后台出现"差动保护动作"、"重瓦斯跳闸"信号，消防智能远控系统报对应主变压器某相火警，基本可判断为主变压器起火。一旦确认起火，在主变压器高、中、低压断路器已分闸的情况下立即通过主变压器智能消防系统控制灭火。JB-3101G 型火灾报警控制器如图 7-59 所示。

4）在自动状态下：满足系统联动条件，主机自动联动"SP"合成泡沫喷淋系统进行灭火。

5）在手动状态下：按下相应主变压器启动键，至动作指示灯亮，并延时 30s，再按下对应主变压器着火相的电磁阀键，使系统进行灭火。

a. 将消防报警主机"24V 电源开关"置"开"位置。

b. 用键盘锁钥匙将键盘锁由"关"切换至"开"位置。

c. 确认按液晶面板显示"启动、手动"状态。否则按液晶面板下方"启动"键。

d. 按泡沫灭火系统氮气瓶启动阀"启动"按键，等待约 20s（使氮瓶组对泡沫罐充压至 0.6～0.7MPa）再进行下步操作。

e. 手动按下对应着火相主变"电磁阀"。

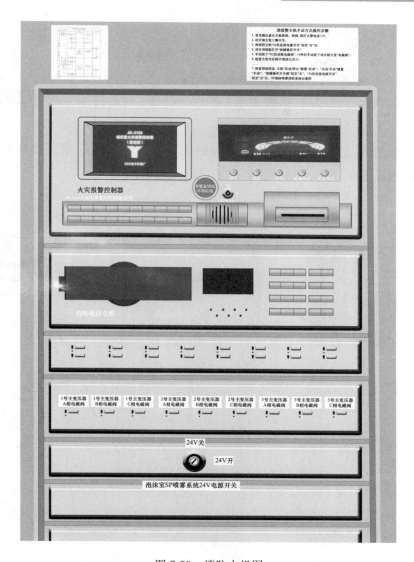

图 7-59　消防主机图

f. 检查主变压器对应相 SP 泡沫已出口。

6）现场应急手动操作：当火灾自动报警系统处于瘫痪状态时，到"SP"合成泡沫喷淋室手动拉掉启动瓶保险，并按下电磁启动阀。当储液罐压力达到 0.6MPa 时，用专用扳手打开主变压器着火相的控制阀进行灭火。

a. 拔掉启动瓶电磁阀上的保险卡环；

b. 敲打电磁阀上的按钮；确认氮气启动源已启动；

c. 再次确认某主变压器某相发生火灾；

d. 当罐体上压力表读数达到 0.6～0.7MPa 时，使用专用扳手逆时针方向打开主变对应相电磁控制阀；

e. 检查该主变压器对应相的泡沫确在喷雾灭火。主变压器喷雾消防系统结构图及电磁阀图分别如图 7-60 和图 7-61 所示。

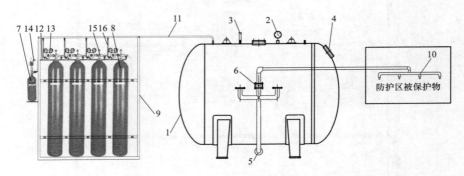

| 1 | 储液罐 | 5 | 控制阀 | 9 | 动力瓶组框架 | 13 | 减压器 |
|---|---|---|---|---|---|---|---|
| 2 | 压力表 | 6 | 分区控制阀 | 10 | 水雾喷头 | 14 | 电磁启动阀 |
| 3 | 安全阀 | 7 | 启动瓶组 | 11 | 动力瓶组管路 | 15 | 动力瓶组容器阀 |
| 4 | 观察口 | 8 | 动力瓶组 | 12 | 启动瓶组管路 | 16 | 高压软管 |

图 7-60　SP 泡沫喷雾消防系统示意图

图 7-61　电磁启动阀及电磁控制阀图

（11）变电站火灾处置原则。

1）生产场所发现火灾、应立即组织扑救并向"119"火警台报警，向有关领导报告。应注意内线电话报警须先按"0"，再拨"119"。设有火灾自动报警装置和固定装置的，应立即启动报警灭火系统。

2）火灾报警要点：

a. 讲明火灾地点、单位名称。

b. 讲明火势情况，讲明燃烧物和大约数量。

c. 讲明报警人姓名和电话号码。

3）变电站电器设备发生火灾时，应首先报告当值值长和调度，并立即将有关设备的电源切断，采取紧急隔离措施，在熟悉该带电设备人员的指挥或带领下进行灭火。

》【典型案例】

**案例一：开关柜防小动物封堵不严造成开关三相短路故障**

1. 事件经过

2015年3月3日，某供电公司甲子变电站1号主变压器低压侧后备保护动作跳闸，损失负荷3.8万kW（其中低压脱扣切除负荷3万kW）。现场检查发现甲子变电站1号主变压器低压侧3510开关柜底部有一只烧死的老鼠，如图7-62所示。1号主变压器35kV侧3510开关柜因二次电缆线槽防火堵泥存在孔洞未及时封堵。

图7-62 柜内烧死的老鼠

**2. 原因分析**

1号主变压器 3510 断路器二次电缆线槽防火堵泥脱落产生孔洞，如图 7-63 所示。老鼠通过此孔洞经进入开关柜内，爬上 1 号主变压器 3510 断路器 A 相真空包与下刀口连接处造成 A 相单相接地故障。由于 A 相接电放电产生弧光，引起三相短路故障，1 号主变压器低压侧后备复压过流 Ⅰ、Ⅱ、Ⅲ、Ⅳ、Ⅴ段及过流Ⅵ段保护出口跳闸。

图 7-63　开关柜电缆槽防火封堵孔洞

**3. 防控措施**

（1）加强防蛇、防鼠等防小动物措施落实情况检查，及时对电缆封堵、防鼠挡板、防鼠隔网等措施进行查漏补缺，特别检查设备室、主控室、开关柜、端子箱等重要部位和地点。及时更换失效的粘鼠板、封堵不严的孔洞，对于因施工和工作需要临时开封的孔洞，要在工作结束时检查是否及时封堵。

（2）结合春秋季大检查，开展防风、防火、防污闪、防漂浮物、防误装置、防外破检查治理，采取主动防御治理措施，防患于未然。

（3）扎实开展变电精益化评价，针对上一年度各单位自评价和总部抽查复评发现的问题，认真开展问题治理，落实各项管理要求，严防运维责任事件。

### 案例二：电缆防火隔离措施不完善造成电站火灾事故

1. 事件经过

2015 年 9 月 28 日，某发电厂电缆竖井转角处电缆因绝缘损伤，单相间歇性弧光接地引发火灾事故。事故造成××电站厂用高压变压器烧损，变压器低压侧电缆熔断，以及附近部分控制电缆烧损。

2. 暴露问题

（1）××发电厂没有严格落实反事故措施要求，动力电缆与控制电缆混放，电缆防火隔离措施不完善，防火封堵不严实。

（2）消防设施管理不到位，安全大检查和缺陷隐患整治不力，规程规范培训不到位等问题。

3. 防控措施

（1）立即开展电缆火灾事故隐患专项排查。根据公司防止火灾事故的措施要求，立即开展电缆火灾事故隐患专项隐患排查，特别是投运时间较长的发电厂（包括小水电）、变电站、办公楼，要对照有关防火设计规范，重点排查动力电缆与控制电缆是否分层布置和加装防火槽盒；电缆防火涂刷是否合格；防火隔离和防火封堵措施是否落实到位；火灾报警和自动灭火系统是否正常运行、是否定期进行试验，运行方式是否符合规范要求；生产人员是否熟知消防设施操作程序。发现问题要逐项制定整改措施，责任到人，确保整改落实到位。

（2）加强电缆日常运检管理。建立健全电缆防火封堵管理台账，对电缆防火封堵点进行系统编号，每年结合春、秋检应至少开展一次电缆防火封堵全面检查。要建立电缆日常安全检查和巡查制度，明确检查部门、内容、周期和标准，强化日常安全监督检查，发现隐患及时治理。日常检修、技改中开启的封堵要及时恢复，退役的电缆要及时撤除，实现电缆防火常态化管理。要认真开展电缆运行评估，重点对设备增容后电缆负荷率、多根电缆并联运行等异常运行方式进行复核。要对照电气设备预防性试验规程及公司技术监督导则要求，排查电缆设备预防性试验是否符合要求，不符合要求的应制定相关措施并予以落实。

（3）严格落实电缆敷设工艺要求。公司各新建、在建项目，要认真审查相关设计，严格执行《国家电网公司十八项电网重大反事故措施》《水电站重大反事故措施》等电缆敷设及防火要求，落实各项防火隔离、防火封堵、分段阻燃、防火涂刷、电缆弯曲半径等措施，全面加强工程质量管理，加强电缆产品质量检查验收，强化电缆敷设、接头制作、防火设施等施工质量检查，不留安全隐患，严格验收把关，防火设施未经验收合格的电缆线路不得投入运行。

（4）加强消防设备设施管理。加强消防设备定期检查和日常管理，将灭火器等消防设备设施的检测、更换、报废纳入专项管理，严格执行有关规程及典型消防管理规定。加强消防火灾自动报警系统现场定期试验、检验、维护管理，确保设备及时投入使用，并发挥防护作用。要消除厂站消防管路缺陷，及时更换泄漏的管道及阀门，确保各类消防设施保持良好可用状态。

（5）提高全员消防及应急意识和能力。强化全员消防安全责任意识，健全消防组织机构，完善消防管理制度，细化各部门重点防火部位以及安全职责，落实各级人员防火责任制。加强消防器材管理，定期组织开展消防操作培训和演练。要加强应急管理，完善应急预案，严格按照应急管理要求开展预案培训和演练，配齐应急抢险器材，不断增强应急处置能力。